JN250686

SNS地獄を生き抜く

オトナ女子の文章作法

石原壮一郎

方丈社

はじめに

みなさま、地獄の歩き心地はいかがですか。
そう、SNSという名の地獄です。針でつつかれている気がしたり、身動きができない沼にはまり込んだり、熱すぎたり冷たすぎたり重すぎたり……。今日もオトナ女子たちは、地獄で直面する多種多様な試練にもだえ苦しんでいます。
しかし、つらいことばかりではないのが、この地獄の厄介なところ。たくさんの喜びや快感も味わわせてくれるし、何より極めて便利にできていて、もはやほかの世界では生きられません。抜け出せない運命なら、覚悟を決めて力強く歩いていきましょう。
SNS地獄を本当の地獄にするか、それなりに居心地のいい場所にするか、それを左右するのが「文章作法」です。この本では、LINE、Facebook、Twitterで直面しがちな35の地獄について、時には果敢に立ち向かうための、あるいは最小限のダメージで逃げ出すための「文章作法」をご指南いたしました。

控え目に申し上げて、読んでくださった方全員に、次の三つの効能を保証いたします。

★何だかんだ言ってSNSに振り回され、SNSが悩みの種になりがちな日々から解放されます。
★SNSの人間関係もリアルな人間関係も、今よりも確実にスムーズで実り多いものになります。
★自分に自信がつき心に余裕ができることで、オトナ女子としてさらに輝けるようになります。

万が一、上の効能が実感できなくても、読んで楽しめることは請け合いなので、心配はいりません。
あなたのSNSライフ、オトナ女子ライフをさらに充実させるために、本書がお役に立てたら幸せです。

2017年9月

石原壮一郎

SNS地獄を生き抜くオトナ女子の文章作法

目次

01 LINE地獄
「〝近すぎる〟距離感」
〜身内・友だち編〜

01 LINE地獄
「〝あらがえない〟距離感」
〜お仕事編〜

02
フェイスブック地獄

03
ツイッター地獄

装丁　原条令子デザイン室

例文構成　梶谷牧子

イラスト　北谷彩夏

例文イラスト　スナメリ舎

DTPデザイン　八田さつき

01

LINE地獄

「〝ツッコめない〟距離感」

～大人のつき合い編～

ママ友、サークル仲間、新入りの同僚など、LINEはするけど「友だち」未満、かといってドライに割り切ることもできない人たちとの間に広がる地獄。SNS地獄のなかでも、もっとも間合いと技巧が試されるエリアです。

HELL

NO.
01

予告もなく、いきなりグイグイ迫ってこられる地獄

まだ付き合いも浅くてそんなに親しいわけでもないのに、グイグイ迫ってくるママ友（ピョン太ママ）。小学校のPTAがきっかけなのですが、知り合った日にランチに招かれたり、その後も頻繁に外出に誘われたり、「すごく気さくな人だな」とは思っていました。そんなある日、いきなり「お渡ししたいものがあるの」という連絡がありました。探り探りの返信をしても勢いは止まらず……。どうしたらいいでしょうか？

（仮名：翔太ママ）

ピョン太ママ

こんにちは。今日は暖かい日でしたね。翔太ママにお渡ししたいものがあるのですが、今お家にいらっしゃる？

⇒ Check！ 尋ねられたほうとしては、何を渡したいかが最初にわからないと不安である。

こんにちはー。今日も仕事のため、家にはいないんです。すいません(>_<)

ピョン太ママ

私も今日は目黒に行ってて、今帰宅！ 明日は？

⇒ Check！ 目黒のどうでもよさにイラッとしたので、直球で返す。(^_^) の二連発は、イラつきを包み隠すための大人の小技。

この週末は仕事が入っていて、ちょっと難しいです。お急ぎじゃなかったら、今度ランチするときにでも。ものは何でしょうか？ (^_^)(^_^)

ピョン太ママ

鉢植えです。お忙しいなら、これから伺ってお母さんにお預けしておきます。つぼみが開いちゃうといけないから

⇒ Check！ いきなりの突撃宣言。こっちの都合なんて聞く気はない。

⇒ Check！ 必死の防戦ですが、いったん勢いがついてしまうと、この程度では止められない。

ご、ごめんなさい。いちおう母に確認してみるので、ちょっと待ってください m(__)m

ピョン太ママ

ちょっと行って預けるだけだから、大丈夫です！

そしてピョン太ママは鉢植えを母に渡して、帰っていきました。
なぜ私に鉢植えをくれようと思ったのかは、謎のままです。

HELL NO. 01

「察してもらいたい」という気持ちが、傷口をさらに広める

いちばん最初に、何を渡すつもりなのかを尋ねなかったことが地獄への第一歩。鉢植えだとわかれば、「ウチは不思議と植物がすぐに枯れちゃう家で」などと受け取りを拒否する口実も見つかります。

家に来るのを阻止したい場合は、正直に答える必要はありません。「ごめんなさい。母も今日は出かけていて」と嘘を繰り出して相手の動きを止めましょう。

グイグイ迫ってくるタイプに対して、遠回しな言い方で察してもらおうと期待するのは禁物。「ここまで言ったら失礼かな」と思うぐらい明確に意思を伝えたほうが、被害や傷口を小さく抑えることができます。

ま、相手は好きにやっているだけなので、借りができたとか思わず、放置しておけばいいんですけど。

地獄に落ちないための
3つの智慧

01

相手の目的や狙いを早めに把握することが、厄介な展開を避ける第一歩

02

必要なら嘘のひとつふたつ繰り出しても、罪悪感を覚える必要はない

03

この人たちの辞書に「察する」という文字はない。明確に伝えよう

HELL

NO. 02

ポエムのような投稿への毎度の返信がしんどい地獄

A子さんは、ていねいな暮らしにこだわるママ友。公開SNSで毎日、ステキな写真をアップしています。そのノリなのか、なぜか私とのLINEにも日常の一コマを送ってきます。庭の花、うまく焼けたケーキ、午後の陽だまりなどに、ポエム風の一文が定番。それに対してついこちらも、ポエム風で返してしまいます。彼女にはていねいな言葉しか受けつけないふしぎな圧力があるんです。でも私は正直そういうのが苦手で、返事が苦痛。何も考えず、さくっと返したいです……。

（仮名：リンリン）

A子

昨日はありがとう。心も咲きそう な、今日の庭

⇒ Check！「心も咲きそう」って何？ いや、何となくわかるけど。

A子

今朝は蝶も

A子

せわしない日常に、この庭が潤いをくれます

⇒ Check！ いっぺんに送ってこないで小出しにするのも、この手の人たちの特徴。

春のおすそわけ、戴きます。たちどまる瞬間、大切ですね

A子

お忙しそうな日々。この写真で、空気を感じてほしくて

⇒ Check！ 空気を感じても何の足しにもならないが、そういうことを言ってはいけない。

いま、手が離せないほどの忙しさです。深呼吸、ココロ生き返ります。では日常に戻ります。

⇒ Check！「心」を「ココロ」と書くようなポエムなメッセージを無理にひねり出して、よけいに疲れた。

A子

よい月曜日を

その後、直接会っても、庭の話題はいっさい出ず。
何の流れで写真が送られてきたのか、まったくわかりません。

HELL NO. 02

相手は投稿した時点で満足しているので合わせなくても大丈夫

こういうポエムな人たちは、何が楽しくて何がしたいんでしょうね。たぶん、ポエムな自分を見せつけるのが楽しくてしかたがないのでしょう。

投稿した時点で、本人は十分に満足しています。スルーは気の毒ですが、どう反応するかは重要ではありません。調子を合わせてポエム風なレスをすると、同類と思われて安心されたり、あるいは対抗意識を燃やしたりして、どちらにしてもなおさらはりきってしまう危険性があります。

苦手意識を必要以上にふくらませないためにも、全力で力の抜けた返信をしましょう。庭の花の写真には「きれいな花ですね」とか「素適なお庭ですね」で十分です。自分を見失ってはいけません。

地獄に落ちないための
3つの智慧

01

本人は投稿した時点で満足して
いるので、どう返すかは問題ではない

02

無理に合わせようとすると相手への
恨みや嫌う気持ちが募ってしまう

03

全力で力の抜けた返信をするのが、
自分のためでもあり相手のためでもある

HELL

NO.
03

モメ事によかれと思って口を出したら油を注いだ地獄

ママさんバレーの役員のLINEグループで、練習の相談をしていたときのこと。リーダーのA子さんとB子さんに意見の食い違いが起きました。とりなそうとしてみたのですが、2人の仲は結局ぎくしゃくしてしまい……。後から別の役員に「はじめはそんな深刻な話じゃなかったのにね」と言われ、ふと、自分の仲介のせいかもと思うようになりました。私がこじれさせてしまったんでしょうか？

（仮名・ソノ子）

A子

この週末は土曜も体育館が空いているから、土日とも練習にしよう

B子

えっ！　土日両方はきびしいかも。うち土曜日は子どもがスイミングなんだ

A子

でも大会直前の週末に体育館おさえられるって、ラッキーよ？　来られない人は無理しなくていいし

⇒ Check！　この段階で「強制ではない」というニュアンスは十分に出している。

B子

でも、練習日と決まったら、みんな無理してでも行くかも〜

⇒ Check！　自分は出られなさそうという引け目があるため、ささやかな抵抗を試みている。

A子

うーん、それはそれぞれの判断にまかせるしかないかな。B子さんは休んで本当に大丈夫だから、気にしないで (^^)

⇒ Check！　お互いにちょっとした不満は覚えつつも、ここでいったん話は終わりかけた。

（どちらの言い分もよくわかる。よし、スムーズに解決するために、A子さんが練習をしようと言っている理由を明確に提示しよう）

A子さんがリーダーだし、まずは従おうよ。B子さんの意見もわかるけど、このチームはバレーをやるために集まっていて、何が目標かといったら勝つこと。勝つには、ある程度の努力が必要なのは事実だよね

⇒ Check！　せっかく消えかけた火種に、見事に油を注いでいる。こう言われたら、B子さんとしては黙って引き下がることはできない。

B子

えっと、私は練習がイヤだから言ってるんじゃなく、みんなの生活リズムにも配慮したほうがいいと思っただけ。下の子がいる家は時間のやりくりが大変なんだよ

A子

みんなが時間がないっていうから、リーダーを引き受けたんだけどなあ。うちはひとりっ子だけど、夫が土日勤務で預ける親もいないし、同じだよ

⇒ Check！ そして、A子さんとしても黙って引き下がることはできない。

B子

あ、土日練習で決定ってことで、いいんじゃない？　リーダーに従うべきだった。ごめんなさい。

A子

みなさん、いろいろご不満やご都合もあると思いますが、大会に向けてがんばりましょう。くれぐれも、来られない人は無理しないでけっこうです。

⇒ Check！ オトナな〆をしようとしてはいるが、どことなく捨てゼリフ感が漂ってしまっている。

仲裁したつもりが、気軽にフォローできない重い空気が漂ってしまい、ギスギスしたやりとりのまま終わってしまいました。

モメている当事者たちにとって「中立」の仲裁者は、どっちにとっても敵

ケンカの仲裁は、なかなか容易ではありません。当人たちはケンカしているつもりじゃなかったのに、仲裁に入られたことでなんだか自分たちが責められているように感じて、いきなりムキになったり不機嫌になったりするケースもあります。半端な気持ちで仲裁に入るのは、くれぐれも控えたいもの。

このケースも、これからも同じチームで頑張っていかなければならないことを考えると、とりなしたくなる気持ちはわかります。しかし、お互いにちょっと冷静さを失っている上、お互いに「自分の言い分に理がある」と思い込んでいます。何を言っても事態を悪化させる状態だったと言えるでしょう。

この場合は、チームワークということを念頭に置いてA子さん寄りの意見を書き込んだことで、B子さんを追い詰め、身構えさせてしまいました。B子さん寄りの意見を書いたら書いたで、A子さんは激しく反発したでしょう。どっからどう見ても「中立」の意見を言ったとしても、両方がおとなしく引き下がるわけではありません。両方が「敵がひとり増えた」と感じて、攻撃的な姿勢を強めるだけです。

ほとんどのモメ事は、当事者が落ち着くまで刺激しないのがいちばん。仮に口を出すとしたら、「A子さん、いつもリーダーおつかれさま。B子さん、スイミングがんばってね」と、本題とは関係ない上に意味もない書き込みで、遠回しに「まあまあ、落ち着いて」となだめるのが精いっぱいの介入です。

しばらく放っておけば、それぞれ自分なりに納得して、引き下がるなり謝るなりノンキな話題でお茶を濁すなり、必要な対処で事態を収束させるはず。ジタバタせず、オトナ女子の底力を信じましょう。

地獄に落ちないための
3つの智慧

01

仲裁に入ればヒーローになれるかもしれない思うのは幻想である

02

人はなだめられると、自分の正しさを主張したくてよけいに意固地になる

03

無難に収まるかこじれるかは、結局のところ当事者次第

HELL

NO.
04

こっちの都合を理解しない ママ友から無限のお誘い地獄

会社員ですが、テレワークで在宅勤務してます。娘が小学生になり、ママ友に平日ランチによく誘われます。仕事なので断ることが多いのですが、次第にお誘いが、執拗になってきたんです。家でできる仕事がそんなに忙しいわけがない、付き合いが悪い、と勘ぐられているような気がします。何度か無理をして行きましたが、そのせいで深夜まで仕事して遅れを取り返すのも、体力的にきつい。多忙を理解してほしい一方、年収や業務内容について説明するのもちがうかなって。どうしたら抜け出せますか？

（仮名：みさき）

ママ友A子

こんにちは！ 駅前の○○カフェオープンしたね！ 明日、BさんCさんとランチ行きませんか？

すみません、明日は仕事が詰まっていてむずかしそうです。またの機会に！

⇒ Check！ じつは今週いっぱいそれどころではないのだが、「明日は」と言ってしまったのが悲劇の始まり。

ママ友A子

じゃあ、明後日は？ みさきさんに合わせるよん！

今かかっている仕事が佳境で、今月いっぱいは時間が見えないので、私のことは気にせずで！ またお話きかせてくださ〜い

⇒ Check！ ここまで具体的に書けばわかってくれるだろうという願いもむなしく……。

ママ友A子

1時間ちょっと抜けるくらいも、むずかしいの？＾＾；

移動入れると2時間くらいかかるし、ちょっときびしいです。ごめんなさい！ お誘いありがとう〜！

⇒ Check！ こうなったらズバッと断わるしかないが、その分、お礼コメントで礼儀は尽くす作戦。

ママ友A子

あ、じゃあ、駅前のはやめて、学校前の××で食べない？ みさきさんもちょっと息抜きしたほうがいいよ (^ ^)

⇒ Check！ 息抜きしたければ、とっくに誘いに乗っている。

そうですか。ちょっと顔出すくらいにはなっちゃいますが、それでよかったら。ご心配ありがとうー

断るたびにムキになって（？）次々と対案を出され、
最終的には「行く」と返事をするしかありませんでした。

A

相手は相手で、引くに引けない気持ちなのかも。葛藤をそのまま書くのも手

　状況を理解してもらうのは、たぶん無理です。ここは、相手に「そういうことなら、しょうがないわね」と諦めてもらいたいところ。相手だって、じつは絶対に来てもらいたいわけではありません。いったん誘ったからには「すぐに引き下がったら冷たいと思われるかも」ということを心配しているだけです。

　こうなったら「すごく行きたいけど、その分睡眠時間を削るのも辛いし、かといって付き合いが悪いと思われたくないし、ああ、私はいったいどうしたらいいのかしら……」と、心の葛藤をそのまま書いてしまいましょう。もしかしたら「この人、大丈夫？」と怪訝に思われるかもしれませんけど、おかげでめんどうな誘いが減れば結果オーライです。

地獄に落ちないための

3つの智慧

01

こっちの都合を理解する気がない
相手に理解を期待しても無駄である

02

あきらめる口実を与えない限り、
ありがた迷惑な誘いは続くよいつまでも

03

心の葛藤をそのまま書いて
突っ込めない雰囲気を作ろう

HELL

NO.
05

友達ノリで、カジュアルに商品を勧められてしまう地獄

同じバンドのファン仲間とオフ会で仲良くなりました。みんなでLINEグループをつくったのですが、そのなかのひとりに、個別LINEで美容商品を勧められてます。そういうの、自分はキッパリ断れるタイプだと思っていたのですが、彼女は友だちスタンスでLINEしてくるし、なんか断りづらいんです。それも計算なのかもしれないですが、同じバンドファンなことは事実だし仲良くはしたい……。そんなこんなで、いまだに勧誘されてます。

（仮名：ベイベー）

A子

この間話した化粧水なんだけど、こんなに変わるの！ これお隣さんなんだけど、シミに悩んでたから勧めたら愛用してくれてて♡

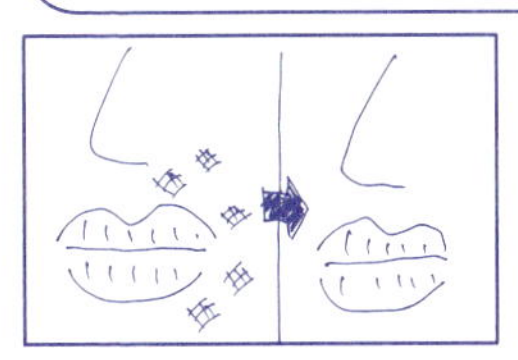

⇒ Check！ とりあえず写真にコメントして逃げる作戦。

そうなんだ！ これはすごいねー。お隣さん、よかったね (^ ^)

A子

ベイベーちゃんも試してみてほしいな～。今なら定期便コース 30% オフキャンペーンしてるんだ！

⇒ Check！ 先延ばしして遠回しに断わろうという作戦。

うーん、今使ってるやつ、買いだめしちゃってるからまたいつかね！

A子

朝だけ・夜だけでも OK。私も朝だけコレだよ！ 娘もこれでアトピーが良くなったの。すごくない？

⇒ Check！ 娘ちゃんに話題を移そう

娘ちゃん、小学生だっけ？

A子

うん、アトピー治って喜んでる～。カラダにもつかえるし、気軽に考えてもらってだいじょーぶ！

⇒ Check！「まだ来るか！」と思いつつ、せいいっぱいの興味ないアピール。

そっかー。考えておくね

A子

今度、サンプル持ってくわ～

それからも、友だちスタンスを活用した勧誘は届きつづけています。

相手だって、半ば習慣でカジュアルに勧めている。適当に流しても大丈夫

「いい人」ほど、図々しい人の無作法な態度に悩まされがち。相手がやっていることは明らかにマナー違反だし、怒って関係を切ったってかまいません。

しかし「いい人」はそんな発想すら浮かばず、曖昧な態度を続けて、相手をますます図に乗らせてしまいます。地獄に落とされている原因は、相手ではなくむしろ自分の気弱さにあると言えるでしょう。

相手は半ば習慣で、それこそカジュアルに勧めているだけ。「ごめん、興味ない」とあっさり断わったり、「そういう話はやめようよ」と意思表示したりしても、罪悪感を覚える必要はまったくありません。「この人は買いそうにない」と判断したら、相手のほうから距離を置いてくれるでしょう。

地獄に落ちないための

3つの智慧

01

無作法な相手に礼を尽くそうとするのは無駄な上にむなしい努力

02

相手を図に乗らせているのは、じつは自分の気弱さである

03

そんな人と関係が切れてもぜんぜんこまらないことに気づきたい

HELL

NO.
06

「それ、今なの？」という話題をぶっこまれる地獄

幼稚園のママ友に、LINEやりとりをいつもさりげなく自分話に寄せてくるママ友がいます。先日、別のママのお子さんが入院したので、みんな心配してLINEしていたのですが、そのママ友（亀さん）が、さりげなくもまた娘自慢に寄せてきました。一同、「それ今？」という空気になりつつも、しかたなく「かわいい」を連発。入院中のママ友すら乗ってあげてたのが、さすがに不憫で。亀さんのKYな幅寄せを、止めることはできるのでしょうか？

（仮名：ちなみ）

Aさん
今日は欠席してごめんね。じつは下の子が気管支炎で急きょ入院です(;o;)

えええ！ そうなの！ 今1歳くらいだっけ？ 小さいのに……(;o;)

Bさん
そうだったんだ><　○○ちゃん（上の娘）は？ 預かろうか？

Aさん
ダンナの実家にお願いできそうだから大丈夫〜！ 感謝！

⇒ Check！ ここまでは完全にAさんを気づかい励ます流れだった。

亀さん
大変だったね(>o<)　今日Aさんどうしたんだろうって思ってたの。うちはあのあと美容院行って、ついにムスメ、髪切りました！ みんなに見てほしいって言うから、写真送るね

Aさん
そうなの〜ごめんね連絡もせず。ムスメちゃん、かわいい！ とっても似合ってるね〜！

⇒ Check！ 自分の娘の話をぶっこまれてしまって、戸惑いつつも反射的に乗るしかない。

Bさん
ほんとだ、ぐっとお姉さんぽいね

Aさん
あ、ごめん、もうすぐ先生の診察だから行ってくるね！ みんなありがと！

⇒ Check！ じつはこのあたり、亀さんへの違和感を示すために、ちなみさんはせめてもの既読スルーを続けていた。

このままやりとりは終了。きっとヘコんでいるAさんをタイムリーに励ましてあげられる機会を逃してしまいました。

A

KYな人に周囲への気づかいを期待しても無理。スルーする力を鍛えよう

KYな人は、たとえ天地がひっくり返ってもKYです。何をどうしようが相手を変えることはできないので、自分の受け止め方を変えましょう。

このタイミングでの娘自慢は、腹が立つし人格を疑いたくなります。ただ、苦言を呈したら、亀さんよりもAさんが気を遣ってしまうでしょう。こうやってみんなが違和感を覚えつつも話に乗ってあげているのは、ちょっとユーモラスな図式と言えなくもありません。あまりの傍若無人さに、「自分にはできないなあ」と感心するのも一興です。

本人は何の自覚もなくお気楽に生きているのに、こっちが腹を立てて不愉快になるのは理不尽な話。全力でスルーしたり鼻で笑ったりしましょう。

地獄に落ちないための
3つの智慧

01

KYな人に変わってほしいと
願っても、こっちが疲れるだけ

02

常識が違う相手に腹を立てるより、
ちょっとヘンな図式を面白がろう

03

たいへんな状況にあるAさんへの
フォローは、また別の機会でも大丈夫

HELL

NO. 07

めんどうな話になると気配が消えるサイレント地獄

PTAの係4人で、グループLINEを使って打ち合わせすることが多いです。それぞれの立場を尊重しつつ仕事を依頼したりされたり、かなり気を遣う場。そんななか、A子さんは、議論が紛糾しているときはスルーしていて、終わりそうな段になってから「遅れてごめん！」と登場してきます。毎回、そうなんです。その時間にFacebookは更新してたりして、スマホは絶対さわってるはずだし、楽しい話のときは即レスなのに。でもそれを指摘するわけにもいかないですし……。気配を消すワザには、どういう対抗策がいいんでしょう？

（仮名：ともっち）

B子

茶話会おつかれさまでしたー！ 要望コーナーで出たベルマークの統計の件、どうする？？

⇒ Check！ 何をすればいいか、誰がどの役割を担当するか、微妙な探り合いがスタート。

あ、要望を出したSさんと、今日帰りに一緒になったんだけど、報告はすぐほしいみたい……。エクセルとかわかんないから紙でくれって (^_^;)

C子

え、そうなの？ メンドクサイね〜。エクセルはすぐまとめて送るけど、渡すのどうしよう？

⇒ Check！ 問いかけることで、立候補を募っている。

B子

あ、A子さんと私、Sさんちとスイミング一緒だよ。バスのお迎えで会うと思う

⇒ Check！ A子さんの名前も出すことで、暗に「どっちがやる？」と探りを入れている。しかし、A子さんにサイレント拒否をされてしまった。

そうなんだ！ じゃ、渡してもらえたりするかな

B子

OK！ C子さん、ファイル、メールで送っといて〜

⇒ Check！ ま、しょうがないかと諦めつつ、気持ちよく対応。

A子

ごめん！！ またまた遅れ馳せ〜！！ みんな仕事早くてすごいっ(ﾟ∀ﾟ) 私、うちにプリンターないから役立たずでゴメンねヽ(;▽;)ノ ありがとうーー！！！！

⇒ Check！ 話が終わるのを待ちかまえたかのように登場。

（何か言ってやりたいと思いつつ、思い浮かばないまま既読スルー）

そしてA子さんは、また別の話し合いのときにも、
話がすっかり決まってから、わざとらしく登場するのでした。

本人にヤル気がなければ何を言っても響かない。スルーにはスルーで

何か言ってやりたい、という気持ちはよくわかります。しかし、何を言いたいのかが曖昧なまま、どんどんイライラを募らせるのはむなしい話。A子さんに何を伝えればいいのか、まずはそれを考えましょう。

「A子さん、いつも絶妙のタイミングだね！」と皮肉をかまして、それでA子さんが反省するならおおいにけっこうです。ただ、グループの雰囲気が悪くなるなどのリスクも。「A子さんはどう？」と名指しで回答を求めて逃げ切りを防ぐ手もありますが、話し合いに時間がかかるようになってしまったら本末転倒です。

残念ですが、ヤル気がない人を無理に動かすことはできません。被害や不愉快な気持ちを最小限に抑えるために、そういう人だとあきらめてスルーしましょう。

地獄に落ちないための
3つの智慧

01

過大な期待をしてしまうと
落胆やイライラも大きくなる

02

AさんをPTA活動への不満の
ぶつけどころにしている可能性も

03

たまには名指しで回答を求めて
疎外感を抱かせないのもやさしさ

HELL

NO.
08

ノリが未知数な相手にネットスラング連発地獄

私は、いわゆる「ネット民」というか、趣味も友人関係もネット中心です。最近、リアル職場の派遣さん、A子ちゃんと仲良くなって、LINEを始めました。笑いのツボも合うしLINEでも楽しくやりとりしていますが、うっかりネットのノリが出ちゃって……。「これくらいは普通に使うだろう」と思ってた言葉も、あるとき「ビャーさん、『w』ってよく打ちこんじゃってますよね〜」とツッコまれ、絶句。ネット歴やノリが未知数な人とのやりとりが、難しい。痛い人と思われないか不安です。

（仮名：ビャー）

昨日はおつかれ〜無事帰宅したよ(^^ゞ

A子

おかえりなさい！ あのあと、二次会行きました。ハワイカフェなのにメニューが和定食！

⇒ **Check！ まずは文末の「w」を単独で繰り出してみた。「おかあり」も打ち間違いではなく「おかえり＋ありがとう」の略。**

おかあり！ え、なにそれこわいw

A子

ウクレレ聞きながら、アジフライ食べました。

⇒ **Check！ たくさんの「w」が、笑いや驚きのニュアンスを伝えています。**

ちょwwwwwwwwwww

A子

味はふつうでしたけどね。

⇒ **Check！「とりま」は「とりあえず、まあ」の略。「〜な件」は、ここでは「〜だよね」ぐらいのニュアンス。「kwsk」は「詳しく（教えて）」という意味。**

とりま、味も設定も、すべてが中途半端な件w　明日 kwsk ！

A子

ビャーさん、もしかしてスマホの文字入力こわれてる？ ひらがなとか英字とか入っちゃってますね。ではまた明日〜！

⇒ **Check！ 見事にまったく伝わっていない。**

A子さんはネットスラングとは無縁に生きているようで、スマホの故障と思われてしまいました。うわー、ハズッ！

HELL
NO.
08

スラングが通じる快感と痛い人と思われる恥ずかしさは紙一重

A子さんがネットスラングを理解していなくて、スマホの故障だと思ってくれたのが、せめてもの救いでした。ネットスラングだとわかった上で、「この人は、相手かまわずそういうのを使って喜んでいる痛い人なんだな」と思われる危険性もおおいにあります。

スラングは一種の麻薬。わかっている同士でやり取りする楽しさや快感は格別ですが、乱用は破滅を招きます。この場合は、相手のノリや耐性を確認しないまま、いきなり繰り出してしまったのが大人としてウカツでした。相手が「w」すら使わない場合は、せいぜい顔文字ぐらいに抑えておきましょう。

「ノリが違う相手は付き合いづらい」と感じるかもしれませんが、そんなときは、相手もそう思っています。

地獄に落ちないための
3つの智慧

01

全部わかっていて、軽蔑しつつ
故障のせいにしてくれているのかも

02

ネットスラングをやりとりし合う快感に
溺れて節度を失うべからず

03

「www」ぐらいから小出しにして、
様子を見てみるのが無難

HELL

NO.
09

悪気はないのに楽しい流れを バッサリ断ち切る水差し地獄

うちの職場には同郷でつくる交流サークルがあり、隔月で飲み会があります。私は育児中のためずっと不参加だったのですが、前回は子どもの世話を主人に頼んで初めて行くことができました。会は盛り上がり、二次会まで参加。会の翌日は、LINEグループでお礼や感想を送り合うのが恒例です。そこで私も送ったのですが……、それ以降、メンバーと社内で会うとどこかよそよそしい。参加する前は「次は来なよ」といつも誘ってくれてた同僚も話題を振らなくなりました。お礼LINEにも初参加なので、ノリが読めていなかったのかも。独身が多いのに育児話をしたのがよくなかったでしょうか……。

（仮名：いち姫）

幹事

昨日は皆さんどうもありがとうございました！　また次は秋にお会いしましょう！

（途中で帰っちゃったから、その後の報告しとこっと）

昨日はありがとうございました。楽しかったですね。バタバタと帰ってすみません、予定になかった二次会まで行ったので旦那に叱られちゃいました (^_^;)　酒臭かったのか娘の夜泣きもひどくて寝不足の今日です〜

⇒ Check！ 二次会に誘ったことを責めているようにしか読めない。

幹事

あ、そうだったんですね。二次会誘ってしまい、すみません！　次から気をつけますね

メンバーB

うわわ、お疲れ様です！　ママさん大変なんですね……。旦那様にもどうぞよろしくお伝えください

いえいえ〜。幹事さんも大変ですよね。いいお店でしたね〜。高いわりにちょいお酒の数は少なめだったケド (^^;;

⇒ Check！ 幹事やBさんに気をつかわせたことにも気づかないまま、懲りずに「あんな店、選びやがって！」と責めている。

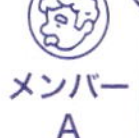

メンバーA

家庭円満が第一ですよ。今回はそんな中参加してくれてありがとう。今後は無理のないようにね

⇒ Check！「そんなに嫌なら、もう来なくていいよ」と言っている。

一気に流れがクールダウン。あと5人ほどいるはずの他メンバーからの新規お礼LINEもなく、そのままトークはフェイドアウト。

軽い冗談のつもりでも文章だと真意が伝わらず最悪の解釈をされがち

目を覆いたくなる不用意な文面ですが、誰しも同じ落とし穴にはまり込む可能性があります。

まだ気心が知れていない同士だと、全員が必要以上の警戒心や猜疑心を抱きがち。LINEへの書き込みにせよメールにせよ、その文面から読み取れる範囲のうち「もっとも悪い意味」で受け取られると思ったほうがいいでしょう。ホメたつもりが皮肉に読めたり、冗談のつもりがいきなり真剣になられたり……。

反射的にメッセージを送れるのがLINEのいいところであり、こわいところでもあります。送る前にちょっと立ち止まって、自分がその文章を読んだ場合に「全力で悪い意味に取ったら、どう読めるか」ということを考えてから送りましょう。

地獄に落ちないための
3つの智慧

01

不用意な文章は、もっとも被害が大きい受け止められ方をされがち

02

顔文字を使うと、意図とは裏腹に怒っているように見えることがある

03

ノンキなやりとりをしている際に、ネガティブな情報や意見は必要ない

HELL

NO.
10

語尾に「！」を付けずにいられない無限ループ地獄

語尾に「！」をつけるのがやめられません。ダメさをフォローしたい、好印象でしのぎたいときは、とくに多くなります。「！」で“がんばってる感”を演出したほうが、みんながハッピーな気がしますし。でも知人から「LINEだと躁だね」とちょっと引かれちゃって……。もしや、やりすぎ？！ それ以来「ですっ」など、促音も投入してますが、「！」もやめられません。やめたら文面がガチ真顔っぽくなる気がして、こわいです。飄々とした文章が書きたい。でも嫌われたくない。助けてください！

（仮名：スー）

（約束ダブルブッキングした、土下座の勢いを伝えねば……）

⇒ Check！ いちおうこう言いつつも、わざわざ持っていくつもりはない本音がすけて見える。

こんばんは！ 明日は行けなくなってしまってすみません！！ お月謝は次回でもよいでしょうか？もしくは近々お持ちしますー！！

市民講座の先生

次回で、大丈夫ですよ

（よかった〜。しかし、引き続き土下座ポジションは維持）

すみません！ ありがとうございます！！ 次は必ずお持ちしますので！！

市民講座の先生

はい、わかりました

明日は新しいレシピに入るのも楽しみだったのですが……無念です！！ 皆さまにもよろしくお伝えくださいー！！

市民講座の先生

気にしないでくださいね。また来月よろしくお願いいたします

⇒ Check！ 相手のうんざりした表情が目に浮かぶ。

はい！ よろしくお願いいたします！！ 楽しみにしています！！！

いつしか自分のスマホは「！」と入れると、予測変換で「！！」や「！！！」出てくるようになりました。……悲しい。

いい印象を与えたくて使っているはずなのに、見事に裏目に出ている

感嘆詞は便利ではありますが、ちょうどいい具合に使いこなすのは簡単ではありません（ダジャレ）。

たしかに「！」や「！！」を付けるだけで、勢いを感じさせたり、親しみをにじませたり、一生懸命に伝えようとしている感を出せたりします。しかし、つい使いすぎてしまうし、使いすぎると逆に嘘っぽくて不誠実な印象を与えがち。相手に「大丈夫かな、この人」と不安を抱かれるケースも多いでしょう。

「！」を使うのは極力我慢して、そのかわり、文頭に「ああ、」「いやもう、ホントに、」「いやいや、そんなそんな、」といったフレーズを付けることで、感嘆や強調のニュアンスを押し出してみましょう。1ヵ所か2ヵ所に「(^^)v」などの顔文字を使うのも効果的です。

地獄に落ちないための
3つの智慧

01
過ぎたるは猶及ばざるが……どころか、
使いすぎると人格を疑われる

02
文頭に感嘆のニュアンスを込めた
ひと言をつけて、自分を納得させよう

03
「〜させていただきます」も、
つい使いすぎるので意識的に減らしたい

COLUMN

地獄を歩くためのオトナ女子作法・LINE編

その1

「既読スルー」を されたとき＆するとき

LINEライフは、「既読スルー」との闘いの連続と言っても過言ではありません。されたにせよするにせよ、気にし始めたら底なしの疑心暗鬼地獄に陥ってしまいます。いかに気にしないかが勝負であり、オトナ女子のたしなみと言えるでしょう。

されたときは、全力で「深い意味はない」と思い込むことが大切。「返信がないのはOKということ」「バタバタしていて返信できないだけ」「あとでじっくり返信しようと思っているに違いない」といった平和な理由で自分を納得させるのが大人の気合いです。万が一、嫌われているとか怒っているといった悪い予感が当たっていたとしても、こっちがジタバタしたところで何も改善しません。我慢できずに「スルーしないでよ！」と詰め寄ったら、もともと深い意味がなくても「うわー、うっとうしいなー」と思われるし、深い意味があったらたちまち修復不可能な溝ができてしまいます。

逆に自分が「既読スルー」するときは、相手が疑心暗鬼をふくらませる可能性があることを覚悟しましょう。その恐怖に耐えきれない場合は、スタンプのひとつも返しておくのが無難。時には、あえて既読スルーにして相手にダメージを与えた気になるのも、また一興です。

01

LINE地獄

「〝近すぎる〟距離感」

～身内・友だち編～

親しい相手とのLINEもまた天国にあらず。何でも言い合える慢心が、暗いモヤを呼び寄せます。一寸先は闇。今日の味方は明日の敵。平和ボケした日々に、キュッと身のひきしまる戦慄を思い出させてくれる鍛錬の地獄。

HELL

NO.
11

やりとりを終わりたいのに、延々と終わらない地獄

LINEのやりとりをなかなか切り上げられません。「このへんで」と自分から切るのは、上から目線みたいで気軽に送れないんです。そこで、楽しいノリを壊すことなく、相手も引き際を感じてくれるような文言を熟考しているつもり。しかし、ぜんぜん、伝わりません。逆に話がふくらんでるときすらあります。今すぐ寝たいのに。動画が観たいのに。なぜですか。私のLINEの何がいけないのでしょうか？

（仮名：りえこ）

⇒ Check！「次回」「長々ごめん」「感謝」など、念入りに終了フラグを出しているつもり。

あ～もう本当にあの人、謎だよ。でも、A子と話してたら、元気でたわ！また続報は、次回どっかで報告するしw　長々ごめん、聞いてくれてありがと～！ 感謝！

A子

いやいや、こっちも面白かったしww　りえこもハゲない程度にがんばれー。いざとなったら転職！しかし、どこの職場にもヘンな人はいるけどね

⇒ Check！ この相槌が、さらなる話題を引き出してしまった可能性は高い。

そうなんだよね～

A子

彼氏の職場にもそういうのいてさ。あ、彼、いま○社にいるんだけど、言ったっけ？

あ、そうなんだ。聞いてなかったかも！

A子

あ、言ってなかったか。実は先月転職したんだけど、今いる部署がブラックらしくてさー。明日も休日出勤なんだと

A子が彼氏について話したそうだったのでスルーもできず、またそれからしばらくLINEは続きました。

じゃ、立て替えの件だけよろしくお願いします！

⇒ Check！ ねぎらって軽く終わろうという目論見。

オッケー、大丈夫よ。初幹事、おつかれ！ 来週また反省会でね！

はい！ 今度は飲みすぎないようにw 今回やっちまいましたよね〜

⇒ Check！ 続けてきたので、去り際に軽くいじって終わろうという目論見。

だね！ つぎは課長に叱られない程度に〜w

もはや一滴たりとも飲まずに！

⇒ Check！ ボケられてしまったからには、ツッコむしかない。

いや、一滴も飲まないのはそれはそれでw

でしたww

⇒ Check！ これ以上ボケてくるなよと祈りつつ。

ま、オトナになれば上手に飲めるよ。ってことで！

後輩

もうオトナですよお〜w

⇒ Check！ ああ、願いもむなしくボケてきた……。

うまい〆の言葉を繰り出せず、その後もどうでもいいボケツッコミを続けてしまいました。ああ、疲れた。

「先に切り上げたら悪いかな」と相手も思っている可能性はある

LINEにせよメールのやりとりにせよ、もっとも難しいのは終わり方。こっちは〆の挨拶をしたつもりなのに、相手から新しい話題を振られて、またしばらくやり取りが続いてしまうケースは少なくありません。「もうええっちゅうねん！」となぜか関西弁で叫びたくなる地獄絵図です。

ただ、こっちがスッパリと話を切り上げられないのと同じように、相手は相手で、もう終わってもいいのかな、先に終わったら生意気と思われるんじゃないかな……と、戸惑いつつ悩んでいるかもしれません。じつはあなた自身が、相手から「なかなか話を終えてくれない人」と思われている可能性もあります。

「先に切り上げるのは気が引けるから、自分が〆を取りたい」と思っているのは、誰しも同じ。モヤモヤするぐらいなら、勇気をふりしぼって「汚れ役」を買って出るのが、オトナ女子の気合いです。

話が終わったと思える段階で、「じゃあ、おやすみなさい」「では、また明日」といった明確な言葉で終了を宣言しましょう。多少強引でもかまいません。相手は「ああ、わかりやすい終了のサインを出してくれた」と感謝することはあっても、けっして怒ったりはしないはず。考えてみたら、仮に「あれ、早く終わりたがってる？」と感じたとしても、「きっともう眠いんだな」「なんか用があるんだな」と思うぐらいの話で、怒りを買うような要素はありません。

さらに何か返ってきても、相手に〆を取らせてあげたと解釈して、満足感を覚えつつ黙って見守りましょう。必要のない遠慮と通じない気遣いでストレスを溜めていたら、LINEだけでなく人付き合いそのものが嫌になります。

地獄に落ちないための
3つの智慧

01

相手も同じように終われなくて
悩んでいる可能性はおおいにある

02

明確な言葉で終了を宣言しても、
相手は感謝こそすれべつに怒らない

03

過剰な遠慮や気遣いは、人付き合いを
どんどんめんどうなものにしてしまう

HELL NO. 12

自分が返信するとトークがピタリと止まる地獄

ヨガのサークル仲間とLINEグループを使っています。ふと、過去のトークを眺めていて気づきました。ほとんど、私のコメントで終わってるんです！ うわさに聞く“LINEいじめ”!? と戦慄したのですが、会えばふつうに話してくれるし、仲良くやってると思います。自分だけ気づいてないパターンでしょうか。書き方やタイミングの問題でしょうか。こわいです。返事をもらえるコツがあれば知りたいです。それを書いてもダメならちょっと考えます……。

（東京都・タナカ）

B子

来週、お外でヨガ、どうですか？
Y海岸の公園で、海を見ながら〜♪

A子

おお、絶対気持ちよさそう〜。私は OK ！

C子

賛成！　いっそビーチヨガもいいよね。当日行ってみて、できそうだったら海岸でやろう♡

海岸ってヨガできるとこあるっけ？でも楽しそう、いいねいいね

（このままトーク終止）

⇒ Check！　気になるのはわかるが、ほかの人にしてみれば「いま聞かれても……」という感じである。

質問したつもりが、〆のつぶやきと思われたのか返信なし。

C子

今、野菜市場来てるんだけど、採れたてキャベツが激安！　ほしい人いる？　立て替えとくよ

⇒ Check！　気軽に呼びかけたのはいいが、希望者が続出して大荷物を抱えて帰ることになり、「言わなきゃよかった」と思ったであろうことは想像に難くない。

A子

わ、ほしい！　２つよろしく

１つください！　重くなってごめん、ありがとう！

B子

わたしも１個！　ピカピカのキャベツがこの値段！　最高！

C子

了解♪　じゃ明日ね！

でも市場って、そんなに安くて、採算取れてるのかな？

（このままトーク終止）

⇒ Check！　気になるのはわかるが、ほかの人にしてみれば「知らんがな」という感じである。

明らかに質問なのに返信なし。でも考えたら採算なんて誰も知らない。

どう対応していいのか迷わせる投稿をしている可能性は高い

LINEのグループに何かを書き込むとき、人はそれほど頭を使ってはいません。パッと見た瞬間に「これって、答えたほうがいいのかな？」「えっと、どう答えればいいのかな」と少しでも迷う投稿は、そのままスルーされがち。全員が「誰かが答えるだろう」と思ってしまうケースもあります。

「返事がしにくい投稿をしていないか」「終わった話題に蛇足の投稿をしていないか」といったことは、多少は気をつけたほうがいいかも。たまには、あえて返信せず、別の人の投稿で終わらせる手もあります。

ただ、神経質になる必要はありません。気にしすぎると、自分がどんどんつらくなるし、どんどんめんどくさい人になってしまいます。

地獄に落ちないための
3つの智慧

01
深い意味がないところに深い意味を探そうとするのは危険な行為

02
誰かの投稿を見送ってあえて返信しなければ最後の人にならずにすむ

03
気にしすぎてどうにかしようともがくのは「めんどくさい人」への第一歩

HELL NO. 13

悪気ゼロの既読スルーでいちいち詰められる地獄

最近できた彼氏が、LINEに神経質でちょっとこまっています。私は普通にやりとりしてるつもりなんですが、やけに様子をうかがわれて「俺、なんか悪いこと言った？」とか「さっきのLINE読んだ？」とか、問い詰められます。もともと私はSNSが得意じゃないし、このままだと彼に対して疲れてしまいそうです。本来そんなに神経質な人ではないはずなんですが、私が悪いんでしょうか？

（仮名：アヤ）

リュウ君

今日は楽しかったね！ 中華街にあんなお店があったとは。今度は激辛も制覇しよう！ 横浜、ハマりそう。ハマだけに

⇒ Check！ しょうもないボケだけど、いちおう笑ってあげている。

アハハ。さすがリュウ君。横浜はまだまだオススメあるよ

リュウ君

お、いいね！ 次に会えるのは来週かな？ 大丈夫？

大丈夫だよ。じゃあ、また土曜日の昼とか

リュウ君

やったー！ じゃあ、ランチしてから映画はどう？

⇒ Check！ ここで自分の意見は出し尽くしたと認識している。

いいね！ 私、〇〇が見たいんだ！

リュウ君

その映画だったら銀座の△△でやってたかな。銀座がいいかもね

⇒ Check！ 相手の提案に賛成だったので、返信する必要はないと思った。

既読のみ

リュウ君

おとといのLINEだけど、読んでる？ もし俺が行き先決めすぎてるようだったら、ごめんね。次はアヤの好きなところでいいし、気が乗らないなら会うのまた今度でもいいよ

⇒ Check！ 向こうとしては尋ねたつもりだったので、返信がないことに「反対の意思表示」や「ヘソを曲げている気配」を読み取ってしまった。

「既読」がつけば読んでいるのはわかるし、怒らせることは書いていないつもりです。なのに関係はぎくしゃくする一方……。

ちゃんと説明もせずに「自分ルール」を押し通すのは図々しい

悪気はないかもしれませんが、相手の気持ちに対する想像力もありません。「既読」に対する感覚や解釈は、人それぞれ。説明もしないで「自分ルール」を押し通そうとするのは、図々しい了見と言えるでしょう。「まぎらわしくてごめんね。私も銀座でOKだったから、読んだことがわかれば返信しなくても大丈夫かなと思って」と、あらためて自分のスタンスをていねいに伝えます。それでわかってくれるか、スタンプぐらいは返してほしいと不満をぶつけられるか、まずは伝えてみないと歩み寄ろうにも歩み寄れません。

勝手に悪いほうに解釈して落ち込まれてもこまりますけど、勝手に「なんでわかってくれないの」とイライラするのも、けっこうこまった態度です。

地獄に落ちないための
3つの智慧

01

**勝手に不安になって、自分が
「詰め寄る側」にならないように注意**

02

**どういう意図で既読スルーなのか、
相手にちゃんと説明しよう**

03

**悪気がないから自分は悪くないと
思い込むのはただの甘え**

HELL

NO.
14

こわい先輩からのLINEを乗っ取りだと信じて黙殺地獄

先輩から無茶ぶりのLINEが来ました。瞬時に「乗っ取りだな」と思い、コテンパンにしてやりました。でも考えてみたら、もし本人が書いてたとしたら、乗っ取り扱いするって、凄まじく失礼ですよね。実は先輩は、営業部のジョーカーと呼ばれるほどキレるとコワい人です……。判断がつきかねる場合、どう書いたらよかったのでしょうか？ その後、恐怖を感じて先輩には連絡していないのですが、気のせいか最近、背後に殺気を感じます。

（仮名：もやし）

おそらく先輩

今日、時間ありますか？ 手伝ってほしいことがある

⇒ Check！ ちょっと違和感を覚えつつも、いちおうていねいに返している。

あ、○○さん、どうしたんですか？ 風邪、もう治りましたか？

おそらく先輩

買ってきてほしいものがある

⇒ Check！ 風邪のことに触れていないのが、かなりあやしい。

いますぐ○○ソンへ行き、Loppiでももクロのライブチケットの入金をしてほしい。番号は×××××

（これが乗っ取りか！ 面白いから乗っかっとこ）

えっ、ももクロ？ っていうか、ももクロ好きでしたっけ？

おそらく先輩

誰にも言うな。今日の23:00が入金期限。お金はあとで返しますからお願いします

⇒ Check！ 問いかけにはいっさい答えずに、しかも不自然な日本語。どっからどう見ても乗っ取りである。

（実際は○○ソンには行っていないが）

Loppiで入金してきました！

おそらく先輩

ありがとう。念のためスクショして見せて

（ここだ、種明かし！）

この乗っ取り野郎！ アホアホアホ！！ バーカバーカ！！ ○○さんがももクロのチケットなんて買うわけないっつーの！

これ以降、先輩からは何の音沙汰もありません……。
真実はわからないまま、先輩の影におびえる日々です。

どういうことになるのが「もっとも最悪の事態」なのかを冷静に考えよう

どっからどう見ても乗っ取りですが、万が一を考えて、ちょっと不安になる気持ちはわかります。

「もっとも最悪の事態」は、乗っ取られていたわけではない先輩をアホバカ呼ばわりして、激しい怒りを買っているという流れ。それに比べたら、ヘンなことを尋ねて「はあ、何言ってんの？」と少しムッとされるぐらいは、どうってことありません。

顔を合わせる機会があったら、勇気を出して「○○さん、ももクロのチケットって買いましたか」と尋ねてみましょう。「はあ？」と返されたらそれでよし。乗っ取られたことを知っていて、「お前のところにも行った？」と言われたら、「来ましたけど、スルーしておきました」と言えば大丈夫です。

地獄に落ちないための
3つの智慧

01
本当の「最悪の事態」を想定すれば、たいていのことはこわくない

02
何もしないでおびえ続けていることこそ、じつは「最悪の事態」

03
あとでビビるぐらいなら、身の丈に合わない大胆な対応は控えよう

HELL
NO.
15

即レスしないと電話がかかってくる遠慮ゼロ地獄

母のLINE。「アプリが消えた、どうすればいい？」とか「秋刀魚いる？」とか正直重要じゃないことなのでレスを後まわしにしていると、次は即攻で電話がかかってきます。待つのがまどろっこしいんでしょうけど、こっちは社会人。平日昼間には即レスどころか通話なんかすぐできないし、めんどうです。でもストレートに状況を言ったら、やさしくないとスネてしまい、よけいめんどうなことに。こっちのペースも考えてほしいです（泣）

（仮名：シノダ）

ママ

近くまで行くので寄ろうかしら。
何時に帰ってくる？

仕事の状況次第です

⇒ Check！ めんどうなので最小限の情報だけを伝えた。

ママ

７時までには帰るよね？

勤務中につき未読スルー

～３分後すぐ着信～

いま仕事中なので、遅くなりそう。
今日はむずかしいな

⇒ Check！ LINEも読めないのに電話に出られるわけがないでしょ！ ということをママは想像するつもりはない。

ママ

本当は会って相談したかったけど、
夏休みいつとる予定？ お盆休める？

いま仕事なんであとで連絡するね

⇒ Check！ 全力を振り絞って、やっとこれを返した。

ママ

休めるか聞きたかっただけだけど

未読でスルー

⇒ Check！ もう限界！ イライラとムカムカが全身を駆け巡っている。

ママ

返事がないようだから、先にこっちの予定で決めます。仕事しすぎもほどほどに

返事しないと電話がくる、適当な返事だと親不孝者扱い。
飢えた母の密着LINEは、その後も止まらないのでありました。

子どもへの甘えが根底にありそうだけどどっちもどっちの一面も

親の側はなんせヒマだし、「こっちは親だ」という権力者意識もあります。おとなしく返事を待つといった我慢は、なかなかしてはくれないでしょう。

ただ、イライラしている子どもの側にも、「言わなくてもわかってくれるはず」といった甘えや一方的な期待があるかも。なんせ相手は、こっちの状況に対する想像力を持てない生き物。仕事中は返信や通話は難しい、すぐに返事を求められてもこまると、わかるようにしつこく念入りに伝えておく必要があります。

その上で「忙しいときは冷たい態度になってごめんね。ちゃんと返すから仕事中は待ってて」と、下手に出つつ釘を刺しておきましょう。説明がないと、冷たくすればするほどますますグイグイ攻めてきます。

地獄に落ちないための
3つの智慧

01

自分の側にも親に対する無意識の甘えがないか反省してみよう

02

ダメな部下に伝えるように、わかりやすく念入りに言って聞かせたい

03

それでも変わらなければ、親とはそういう生き物だというあきらめも必要

HELL

NO.
16

その気はないのに「間接自慢」と受け取られがち地獄

自分が「間接自慢」している気がしてこわいです。「仕事が忙しい」というのを「プロジェクトの管理で忙しい」、「それ知ってる」でもいいところを「中学で小笠原流の作法が必修だったので知ってる」とか書いてしまいます。けっして自慢してるつもりはありません。単に「忙しい」と書いたのでは、相手に忙しさの程度が伝わらないですよね。それで、説明を足す。その説明がいつも自慢っぽいというか……。先日、友だちに「ちょいちょい間接自慢入るよね」と言われ、冗談ぽくはありましたが、そうなのかと思ってしまいました。でも私は嘘を書いてるわけではないし、どうしたらいいのでしょうか？

（仮名：ちょこ）

その1「すごい仕事をしてます自慢疑惑」を誘発

こんにちは～。突然だけど来週末は忙しい？ もしよければ、前に話してたケーキ屋さん行かない？

⇒ Check！ 業種が違う相手に仕事の内容を伝えてもしかたがない。

すみません！ ちょっと大きなプレゼンの企画担当になって、週明けまでクリエイティブの詰めでスタジオに出入りしたりバタバタなんです。落ちついたら是非！

そうか、活躍しててすごいねー！ また今度ね～！

⇒ Check！ ほぼ間違いなく「なんかこの子、変わっちゃったな」という印象を抱いたはず。

その2「リア充な週末を送っています自慢疑惑」を誘発

係長の送別記念品だけど、何がいいかなー。アラサー男が好むものよくわかんない

⇒ Check！ 広告代理店、豊洲、バーベキュー、マーケ……。どこに突っ込んでいいかわからないぐらい、ひとつのメッセージに「リア充ワード」が満載。

あ、週末に、広告代理店の子たちと豊洲でバーベキュー会だから、聞いてみる！ メンズ陣はアラサーよりだいぶ若いけど、マーケとか詳しいだろうし！

おお、よろしく！ ていうかリア充すぎわろた

⇒ Check！ 本当に笑ってもらっていると思ったら大間違い。背後に「いいかげんにしろよ」というメッセージが隠れている。

そして、自分ではどこがどう自慢っぽいのかを自覚できないまま、身近な人が次々と離れていくのでありました……。

A

その情報が持つ意味を考えようとしないのはタチの悪い無邪気さ

友達が冗談っぽく指摘してくれているのは、せめてもの温情。おそらく、事態はかなり深刻です。

大きめのプレゼンも広告代理店とのバーベキューも、相手には必要のない情報だし、その字面がどういう印象を与えるかを考えないのは、図々しい鈍感さであり傲慢な姿勢と言わざるを得ません。ただ、ここまでわかりやすくはないにせよ、誰しも、知らないあいだに「間接自慢」をしている可能性はあります。

単に「都合が悪い」と言えばすむのに、理由も説明したい誘惑にかられた場合、そこには自慢の意図が隠れているかも。向こうに尋ねられてから、自慢になりそうな要素は省いて伝えるのが、人間関係に無駄に波風を立てないためのオトナ女子の生活の知恵です。

地獄に落ちないための
3つの智慧

01

冗談っぽく指摘してくれているうちに、
反省して行動をあらためよう

02

人間はスキあらば自慢してしまう
残念な生き物だと自覚したい

03

恥ずかしい理由だったらわざわざ
伝えないはず、ということに気づこう

HELL

NO.
17

スルー不可!? 義父からの連投LINE千本ノック地獄

インテリな義父がLINEを覚えました。以来、人生訓などをふと私に送ってきます。最初は「新聞で見つけた名言」などがたまに来る程度でしたが、操作が上達し、今では1日10連投などしてきます。嫁の立場で既読スルーできないのはもちろん、年配なのでスタンプ返しもしづらい。時間もない上に深いことも考えられないため、適当な感じになってしまい心苦しいです。サクッと送れて義父も満足する書き方が知りたいです。

（仮名：みちよ）

義父：今日は良い天気です。一家で快食･快眠･快便を基本に

義父：健康、勤勉、程よい休息も必要。仏様に祈念

⇒ Check！ 最初は、もしかして何か遠回しに注意されているのかと思ったが、どうやらそうではないようだ。

義父：子に教えられ、親も反省と勉強。忍耐辛抱して子供を褒め、一人で考える力を

義父：基礎の繰り返しに耐えること。成果はなかなか出ない

義父：努力。最後の最後に結果

（とにかくお礼を述べて、胸に刺さったことを伝えないと）

本当にいい天気ですね！ ありがとうございます、そうですよね。慌てず様子を見なくてはですね

⇒ Check！ たくさん送られてきた名言に対して、全部をひっくるめてどう感想を言えばいいか、かなり悩んだ気配が伺える。

義父：最後にやる気湧き出し、結果の凄さを実感すれば自信がつく

⇒ Check！ 言っているほうのドヤ顔が思い浮かぶが、どれも「それがどうした！」と言いたくなる言葉ばかりである。

義父：粘って粘って、マイペースで

義父：世間が過敏に成績・点数・順位に狂喜

義父：でも親は冷静に。失敗は財産。経験が自信。待つ

分かっていても数字や評価などにとらわれがちな日々、息子のペースを大切にしますね！

⇒ Check！「やかましいわ！」と返せたら、どんなに楽か。

毎度、悩みつつ当たり障りのない返事を送っているが、義父から反応があったことはない。どう思われているのか……。

相手は送りつけた時点で満足している。返事はスタンプで十分

義父のいちばんの目的は、役立つことよりも「自分が尊敬されること」です。書く内容だけでなく、LINEを使いこなしていることも大きな自慢ポイント。

しかし、ウイットも文章力もないので、こちらの返事に気の利いたコメントを返すことはできません。そういうタイプこそ、一度使い始めると「こりゃ便利だ」と愛用するのが、ほかならぬスタンプです。

遠慮はいりません。「ありがとうございます」「さすがです」「勉強になりました」といったセリフがついたスタンプを探してきて、順番に繰り出しましょう。

その上で、会ったときにスタンプのことを教えれば、ヒマなのですぐにいろいろ探してくるはず。たぶんしつこく送ってきますが、人生訓よりはマシです。

地獄に落ちないための
3つの智慧

01

スタンプで返しても、上級者扱い
しているみたいで喜んでもらえる

02

最初のうちは、セリフが入っていて
意味がわかりやすいスタンプが無難

03

会ったときには「いつもすごいですね！」
と念入りに感心しておきたい

COLUMN

地獄を歩くためのオトナ女子作法・LINE編
その2

お目当ての男性とグイグイ距離を詰める方法

もはやLINEは、すべての人間関係のスタート地点といっても過言ではありません。恋人も一生の友達も単なる知り合いも、まずはLINEでつながることで付き合いが始まります。ただし、自分がどんなに「この人、素敵！」と胸をときめかせて前のめりになっても、つながっただけで何もしなかったら距離は縮まりません。

かといって、どうでもいいメッセージを毎日送ったら、たぶん遠からずブロックされてしまいます。まずは、相手が興味を持っているジャンルについて、簡単に答えられる質問をしたり、「たまたま知った情報」（じつは調べまくっていても可）についての驚きを伝えたりしてみましょう。餃子好き男子なら、「このあたりで、○○さんオススメの餃子はどこですか?」と聞けば、こっちに少しでも興味があれば張り切って答えてくれるはず。あるいは「餃子ってキャベツとニラかと思ってましたが、このあいだハクサイのを食べました。おいしかったです！」と伝えれば、きっと話が盛り上がります。

質問をしてもスルーされるようなら、残念ながら見込みはありません。また、「フッ、そんなことも知らなかったの」的な性格が悪い反応をしてきたら、さっさと見切りをつけられるという効能もあります。

01

LINE地獄

「〝あらがえない〟距離感」

～お仕事編～

「緊急時のため」など断りづらい理由で入れられたが最後、みるみるプライベートが侵食されていく拡大型の地獄。「仕事だから」という無敵の盾で自由を封じられ、油断すると上段から斬られます。警戒レベルは最高です。

HELL

NO. 18

とりとめもないネタに返事を考えすぎて置き去り地獄

職場の仲良したちが異動になるのが寂しく、LINEグループをつくりました。最初は飲み会のお知らせに使っていたんですが、いつしか「うちのわんこ」「良記事」など、ふとしたネタが気ままに投稿されるように。ツイッターと違いLINEだと放っておけず、そのつど返事していましたが、ワンパターンだったり内容がほかの人とかぶったりするのが気になってきて。ちょっと練ろうと思っていると、トークの進みが速すぎて、気づけば私だけ返事をしていない状態になっています。縁をつなごうとしたLINEなのに、逆に感じ悪くなってそうで、心配です。

（仮名：さんま）

D子

今度出る予定のフリマ用にバッグをつくりました〜。得意な方にアドバイスほしい

(即レス)

A子

わっ！ すごい。これは売れますよ

⇒ Check！ 早くレスをすればするほど、どうでもいい内容でも許される。

B子

なんてクオリティ！ 布がステキですね〜。これ、●●屋の布ですか？

D子

そうそう、●●屋！ かわいい布いっぱいでよかったよ。布がいいと多少腕が悪くてもカバーしてくれるね

⇒ Check！ 謙遜に見せかけつつ「もっとホメて！」と叫んでいる。

C子

うちの娘も、最近手芸にすごいハマってて！ こんなの作れたら助かるのになあw

D子

そうなの？ よかったらフリマ一緒に出る？

〜ここから、しばしフリマトーク〜

(数時間後)

みなさんすごいー！ 楽しみにしてまーす

⇒ Check！ 見るからに、いかにも取ってつけたようなリアクション。

バッグにコメントするタイミングを逸し、フリマにも手芸にも興味がないので話題にのれず、マヌケなコメントでお茶を濁しました。

「気の利いたことを言おう」という我欲が、自分を縛りつける

とくに必然性のないつながりなので、遠からず自然消滅していくでしょう。しょせんそれまでの付き合いなので、気の利いたことを言おうといった「我欲」は不要だし、相手だって期待してはいません。

「おいしそうですね！」「食べてみたーい！」ぐらいの凡庸なリアクションで十分。ほかの人たちだって、よく見たら似たり寄ったりです。タイミングを逃したりめんどくさかったりしたときは、無理に返さなくたってぜんぜん大丈夫。勝手にプレッシャーを感じて自分を縛りつける必要は、まったくありません。

あなたの消極的な態度をきっかけに、このグループ全体のやりとりが消極的になっても、恨まれるどころか心の中で感謝されるでしょう。

地獄に落ちないための
3つの智慧

01

とりとめのないネタにはとりとめもない
返しが、むしろマナーである

02

気の利いたリアクションなんて
誰も期待していないことに気づこう

03

心に負担を感じてまで続けたい
付き合いかどうか、冷静に考えたい

HELL

NO.
19

共通の同僚への悪口を言わせようとしてくる地獄

仲の良い会社の同期たちと、仕事の愚痴を、LINEし合うことがあります。たいがい上司のことなんですが、ある同期Aが、別の同期Bさんへの愚痴を言い出しました。Bさんは私と同じ部署で、私にとっては尊敬できる人なんです。だからさりげなくフォローしていたんですが、同意を求めるAはイラついてる様子……。LINEは会話があとに残るので、「塩こぶもこう言ってた」ということにされるとやっかいですし、同意はしたくない。うまく逃げつつ、Aの気がすむ書き方なんて、あるでしょうか？

（仮名：塩こぶ）

同期A
あ〜、イラつく。Bさんって意外とキツいよね

どした〜？

同期A
さっき◯◯のお願いで行ってきたら、スケジュール上無理ですと、即ダメ出し

⇒ Check！ 事情もわからないでもないので、いちおうフォロー。

あの件、スケジュール確かにタイトだし、仕方ないかもだよ

同期A
でも課長が事前連絡してたわけ。断わるなら、課長に言えばよくない？ 上にはいい顔して、同期には即NGかと

⇒ Check！ 怒りがヒートアップしているみたいなので、さらにフォロー。

詳しくきいてみてからって思ったのかな＾＾； Bさんは主任だから、判断はできる立場なんよ

同期A
でもさ、すっごい冷たい態度だったの。人を見て態度変えるんだなって思った。それって、どうかと思うよ！

⇒ Check！ やばい感じになって来たので、このへんでまとめたい。

まあ、おつかれさま！

同期A
いや、おつかれさまできないよイライラすぎて。塩こぶってBさんと仲良いんだっけ？

⇒ Check！ まとまらない上に、こっちに矛先を向けられて大ピンチ。

たまに話す程度だよ。よくわからないけど、今日は疲れてたのかな〜

同期A
いやいや、一度や二度じゃないから、こう思ったのは

フォローしようとしたつもりが逆にトークが長くなり、
Bさんに対するAさんの心証もかえって悪くなった気がします。

かばったらきっと怒るし、悪口を言うのも危険——。当人をホメて話を終えよう

悪口は人間関係の潤滑油です。しかし、別の同僚の悪口にウッカリ乗ってしまうのは危険。心配しているように、本人の耳に入る可能性は高いでしょう。かといって、かばったらますますムキになります

怒っているAさんは、いっしょにBさんの悪口を言うのが究極の目的ではありません。望んでいるのは、「あなたは悪くない」と言ってもらうこと。

「それにしても、Aさんってすごいよね。尊敬しちゃう」「いつも課長に無理難題を押し付けられて、たいへんだよね」などと、Bさんとは関係ない方向でホメてあげましょう。そうすれば、それなりに満足してBさんの悪口はおさまるはず。しかも、Bさんに対するこっちのスタンスも、曖昧なままにできます。

地獄に落ちないための
3つの智慧

01

怒りの対象をかばえばかばうほど、
強い力で地獄に引き込もうとしてくる

02

たとえ相槌でも悪口に同意したら、
こっちも同罪になってしまう

03

誰かの悪口に精を出す本当の
理由は、自分がほめられたいから

HELL

NO.
20

無言メンバーの地雷を
みんなで踏みまくり地獄

同じ課の女性だけでLINEグループをつくってます。基本は楽しく使っているのですが、独身、子持ち、正職員、非正規など、社会的ステイタスが多様なメンバーなせいで、話題がむずかしいんです。ある人たちには楽しいネタが、ある人にはツラいネタになるときがあって、「この人の前でその話題!?」ってやきもきします。気まずいメンバーは無言になり、盛り上がってる面々は存在を忘れてさらに続けるパターン……。話題に乗っかることも、ぶった切ることもできない私。どうしたらいいのでしょうか？

（仮名：チッチ）

D子
（独身）

明日は配達ランチ休みです！ 退勤後の連絡ですみません～

A子

ご連絡ありがとうございます。明日は保育参観なので、休みまーす

（気軽に返事！）

ランチ了解です！ A子さんもママ業がんばれ～

⇒ Check！ ここでママであるA子さんを応援したことは、けっしてウカツな行為ではない。

B子

A子さんとこ、２歳だっけ？ イヤイヤ期？

⇒ Check！ 業務連絡から離れて、子育てのみの話題をぶっこんできた。

A子

はい、実はさっきまでまさにモメてて。おフロやだ！ ゴハンやだ！ おむつやだ！w

C子

わかる～。でもみんなが通る道よ。あとで思い返すとホントにかわいい時期！ がんば！ 先輩母より

A子

まあ、ママになって、しあわせにしてもらってますもんね。新米母がんばります！ チッチさんとこも同い年よね。保育参観まだ？

⇒ Check！ こっちに振るな、こっちに振るな、という願いもむなしく、何か答えざるを得ない状況に

（独身のD子さんが無言だよ～！ 切り上げなきゃ！）

あ、まだです～。うちもいろいろ大変です。またゆっくり話しましょう！

⇒ Check！ 無難に切り上げようとした気持ちが見事に空回り。D子さん以外でママ会をしましょうと誘ったみたいな流れに……。

A子

いいですね！ 皆さんに育児の悩み相談したいです～！

このあともB子さん、C子さんの参加表明が続き、D子さんがふたたび登場することはないまま、話はおしまいになりました。

HELL NO. 20

全員の地雷を避けるのはそもそも無理な話。「鈍感力」も大切である

まさか「D子さんに悪いから、子どもの話はやめましょうよ」とは言えません。D子さんだって、そんなことでいちいち落ち込んでいたらママさんたちと仕事なんてできないので、どうってことないはず。

見えやすいものから見えづらいものまで、地雷は誰にだってあります。すべてを避けようとするのは無理な話だし、相手にとってもむしろ迷惑。ときには、あえて「鈍感力」を発揮するのが、オトナの勇気です。

D子さんを気にして話を早く切り上げたいなら、「またゆっくり話しましょう」ではなく、「がんばんなきゃ！」と話を自己完結させるべきでした。それでも話を振られ続けたら、「あ、子どもが泣いてる。また明日ね」とか何とか言って、さっさと抜けましょう。

地獄に落ちないための
3つの智慧

01

こっちは全力で配慮したつもりでも、たぶん相手には伝わっていない

02

地雷の爆発を防ぐには、結局は本人が気をつけるしかない

03

「持たざる側」に気をつかうのは、じつは失礼で傲慢な態度かも

HELL

NO.
21

マヌケな誤字が重なり故意を疑われる無限ループ地獄

スマホでの誤字や予測変換ミスが、我ながらあきれるほど多いです。親しい範囲なら軽く訂正でOKなんですが、上司や仕事先などのLINEにもやってしまい、謝罪・訂正に必死です……。そんなある日、上司に「わざと間違えて俺へのストレスを発散している」と言われました。飲みながらも目はマジ。間違えたあとの文章が白々しいらしいんです。公的な関係のLINEなどでは、誤字や誤爆、どうフォローするのがよいんでしょうか？

（仮名：ユーゲ）

上司

申し訳ないが通勤中に自転車が故障。午前半休とります

遭難ですね。ゆっくりご出勤ください

⇒ Check！「うわ、たいへん！」という気持ちが前面に出すぎてしまった。

上司

遭難ではないので午後は出勤するよ

申し訳ありません。「そうなんですね」と打ったつもりでした。先日、山岳遭難の映画の感想を妹に送信したため、予測変換の頭に入っていて

⇒ Check！ だいたいそんなことだろうと想像できるので、詳しく説明しても単にうっとうしさを感じさせるだけ。「失礼しました」で十分である。

上司

あ、転送してくれたA社、メールが戻ってくる。確認できる？

完全に鬱です、すみません。嗚呼ドレスを間違えてしまいました

⇒ Check！「早く連絡しなきゃ！」という気持ちが前面に出すぎてしまった。

上司

何だって？

「鬱」は「うっかり」の予測変換ミスでした。また「嗚呼ドレス」→「アドレス」です。アスファルトから出社するのですぐ確認します

アスファルトから→明日から　です。申し訳ありません

⇒ Check！ あわてればあわてるほど泥沼に。

上司

アスファルトでいいから嗚呼ドレスも再送よろしく

上司のイライラは募るばかり。このままでは査定に関わりそうです。

してはいけないと
思えば思うほど
引きずりこまれる……

「間違えないように念入りに確かめましょう」と言っても、わざと間違えているわけではないので何の救いにもなりません。してはいけないと思えば思うほどしてしまうのが、誤字やミスの恐ろしさです。

クドクドと間違いの理由を説明しても、相手はなおさら不機嫌になるだけ。訂正箇所をシンプルに伝え、せっかくですから「まったく、しょうがないなあ」とあきれさせて、怒る気をなくしてもらいましょう。

誤字をしてしまったら、続けて【おわびと訂正】というタイトルで何をどう間違えたかを伝えます。そのとき、タイトルを【あわびと訂正】にすれば、相手はホッコリした気持ちになってくれる……かも。裏目に出るのを覚悟しつつ、よかったらお試しください。

地獄に落ちないための
3つの智慧

01

クドクドとした説明や言い訳は
よけいに印象を悪くする

02

ひと味違う【おわびと訂正】を
繰り出そう。人生はチャレンジである

03

何だかんだ言って、結局は念入りに
読み直してから送ることが大切

HELL

NO.

22

長文で送っているのに短文で返される温度差地獄

私のLINEは毎回長文です。気遣いたいと思ったり、万が一にも誤解を生まないように情報を補ったりしていると、長文になってしまいます。相手が長文だった場合は、短い返事は軽んじてるようで申し訳ないので、がんばって同じ量を返します。しかし、相手からの返信は、おしなべて私より短文。なんならスタンプ一個。悪気がないのはわかっていてもむなしく、返事を見た瞬間のメンタルが毎度きついです。“脱・長文”したいですが、どこも削れないように思えてまとまりません！

（仮名：プイ子）

その1　あれこれ想定したお誘いを送信編

⇒ Check！「相手が気をつかわないように、不明点の内容に書かねば」という気持ちはわかるが、受け取った側の戸惑いやいかばかりか。細かい情報や妥協案は、来れるかどうかを確かめてからでも遅くはない。

突然ですが、プイ子です！ お元気かな？
急な話なんだけど、あさっての土曜日にA子さんが上京するので、久しぶりに集まろうという話になりました。
それで、ダメモトなんだけど、B子さんも、もしももしも、来られたらぜひ！と思って、ご連絡しました。どうかな、でもお子さん小さいから厳しいかもなのですが。
ちなみに、池袋のカラオケ屋さんで、11：00くらいから好きな時間に来てもらえればという感じです。B子さんのところからは、有楽町線で一本かな？ でも場所の融通はぜんぜん効くので、もし「これなら行けそう」って所があればご遠慮なくです！
いかんせん急だし、ちょっと遠いしなので、無理なき範囲でご検討いただければ！
難しいようだったら、また次回もあると思うので、気にしないでね！
次は早めにお声かけするから～！

B子

そうか、いいなあ～！ でも今、帰省中につき、A子ちゃんによろしくお伝えください！

⇒ Check！ 結局、書いた情報のほとんどは無駄になった。

その２　失礼がないように丁寧なお返事編

C子

プイ子さん、どうもありがとうございました〜。本当に楽しかった！！ お菓子もありがとう、おいしいです。また今度は、夏の北海道で会いましょう！

いえいえ、こちらこそ、車にずっと乗せていただいて、感謝しきれない気持ちです。本当にありがとうございました。とってもとっても楽しかったです。C子さんご一行の面白さは、心が洗われるレベルですね！お菓子、気に入っていただけたらしあわせです。おかわりしたくなったら、いつでも送りますので！ (^ ^)　C子さんも育児とお仕事と両立、大変ですよね。パパのご飯でゆっくりできますように〜。夏の北海道までに、体力をつけておきます！ ではでは、またの再会を楽しみに〜！

⇒ Check！「書いてある要素ひとつひとつに、きちんと、かつ、ふくらませて返信せねば」という気持ちはわかるが、盛り込みすぎて何を伝えたいのかがわかりづらくなっている。

C子

どちらの場合も、自分が何か悪いことを書いたのかと心配になって、何度もやり取りを読み返すのでありました。

地獄に突き落とされているのは、無駄な長文を送られている側かも

第三者として客観的に見ると、これはかなりうっとうしいですね。ただ、自分もメッセージやメールを送るときは長くなりがちで、同じことをやってしまっているかもしれないと背筋が少し凍りつきました。

いろんな伝達方法がありますが、なかでもLINEはシンプルなやりとりが前提。それが長所でありマナーでもあります。LINEよりシンプルなのは、電報か狼煙ぐらい。メンタルが毎度きつくなっているのは、むしろ長文を送られている側かもしれません。

まずお誘いのメッセージですが、最初からいろんなケースを想定しすぎです。まずは、どういう集まりで、来られるかどうか（来る気があるかどうか）を尋ねれば十分。いろいろ提示されても面食らうだけです。

お礼のお返事のほうも、全部の要素に触れる必要はありません。必要なのは、感謝の気持ちと楽しかった感動を伝えること。LINEは用件を伝えたりやり取りを楽しんだりするのは向いていますが、深く語り合うことには向いていません。つい長文を書いてしまう癖がある人は、あえて「そっけないメッセージ」を心がけるぐらいでちょうどいいでしょう。

ここの例では、長文を送られた側は、相手に引きずられずにきっぱりと短文を返しています。それこそ、LINEのマナーにのっとったあっぱれな対応。ついつい「こっちも同じぐらいの長さで返さないと悪いかな」と思ってしまいますが、そうすると気が重くてなかなか返信が書けなかったり、忘れてしまったりしがちです。力をふりしぼって書いても、そういう相手はまた長文を返してきたりして、地獄のやりとりが続いてしまうでしょう。不幸の連鎖は自分のところで断ち切るのが、オトナ女子の美学です。

地獄に落ちないための
3つの智慧

01

短文で返す側はLINEのマナーを守っているだけなので、気にしなくても大丈夫

02

気をつかわせているのはむしろ自分かもしれないと疑ってみよう

03

短文で返されるのが嫌だと思う人に、長文を送る資格はない

HELL NO. 23

怒りの本気LINEを ゆるふわで無効化される地獄

職場のチームリーダーをしているのですが、先日ある女性スタッフがむちゃな発注をしていたため、LINEで注意することに。彼女には周囲からの不満が噴出していたし、わたし自身も正直かなり怒りを感じていました。しかしそこは抑えて理性的に伝えようと思い、よく推敲し、一晩寝かせることまでして、厳しくも建設的な内容にまとめ、泣かれるのも覚悟の上で送りました。相当の労力をかけたわけです。しかし、返されたのは、3行のほんわかLINE。何なの？ バカにしてるの？ 怒りのやり場を失い、床を転がりたい衝動にかられています。コイツには何と言えばよかったの？

（仮名：メグロ）

（いきなり非を責め立てたら、逆ギレするかもしれない。問題点と解決策だけ伝えよう！）

おつかれさまです、メグロです。
シブヤさんが担当している○社イベントの制作の件です。
データをＡチームに依頼したこと、担当者から聞きました。
ひとつハッキリさせたいと思うのですが、Ａチームは固定の契約内容で年間フィーを払っているので、追加作業をお願いする場合は、作業に応じた対価を支払う必要があります。どんな単純な内容でも、ついでに、という依頼はできません。
イベントへの思いは、みんな同じです。成功につなげようと自主的に規定領域を越える場合もありますが、それは作業者の好意であり、実際はあくまで仕事です。作業にはコストが発生するという前提だけは、失わないでください。
明日から出張なので、とりいそぎ伝えさせてもらいました。Ａチームは今回だけはやってくれるそうですが、フィーの補填方法は考えておいてください。来週からイベント準備も本格始動、がんばっていきましょう。

⇒ Check！ 穏やかな口調で、ていねいに何が問題でこれからどうすればいいかを説明している。最後の一文も、怒りをカモフラージュしてやわらかい雰囲気を出すための気配り。問題点を指摘するメールとして100点の出来栄えである。

シブヤ

オハヨ〜ございます、シブヤです。
データ、Ａチームからいただきました！ ○社とっても喜んでくださいました。あれもこれも沢山お願いしてスミマセン。出張、お気をつけて〜

⇒ Check！ 考え抜いてメールを送った側の意図も気持ちも、見事にというか鮮やかにというか、まったく伝わっていない。

そしてシブヤさんは、自分がミスした自覚も注意された自覚もないまま、今日もまわりをハラハラさせています。

自分の感覚を基準にして他人に期待してもたいていは裏切られる

仮に、同じメッセージを自分が受け取ったとしたら、真意を察して「こ、これはマズイ」と危機感を抱くでしょう。しかし、残念ながら、誰もが同じような察しの良さと読解力を持っているわけではありません。

なんせ相手は、仕事の基本すらわかっていないボンクラちゃん。遠回しな言い方でわかってほしいと期待するのは、そもそも無理があります。遠慮や気遣いはいりません。「シブヤさんがやったことは、重大なルール違反です。我が社の信用にも関わることです。すぐにＡチームに謝ってください」ぐらいのわかりやすい言い方で、自分の罪を自覚させましょう。

世の中には、怒りをぶつけられないと、自分が悪いことをしたと気づけない人がたくさんいます。

地獄に落ちないための
3つの智慧

01

考え抜いた遠回しな言い方は、基本的な常識がない相手には伝わらない

02

ハッキリと注意しないのは、相手ではなく自分を守っているのかも

03

かといって、荒っぽい言葉づかいをしたり罵倒したりするのはタブー

HELL

NO.
24

休日なのに業務連絡が次々と来るブラック無休地獄

上司や同僚が休日にもかかわらず平気でLINEしてきます。「あれどこ？」「これどうなった？」とか週末にガンガン確認してきます。私はオンとオフは完全分離主義で、週末休むために平日は徹底して時間管理し、仕事を完了しています。彼らは平日ダラダラしてて、休日出勤とか残業でカバーすればいいと思ってるとしか思えません。なんで私が彼らの尻ぬぐいをしなきゃいけないんですか。かといって放置もできなくて返事しちゃってますが、彼らを黙らせたいです。

（仮名：パンダ）

上司

昨日君が言ってた○社だけど、担当誰？

××さんです。名刺をPCの横にクリアファイルに入れて置いてあるはずです

同僚

あ、パンダさんついでに！ A３の紙どこか知ってる？

⇒ **Check！ 絵にかいたような「いちいちこっちに聞くな」という質問です**

（知らねーよ！ だが返事するしかない流れ）

いつものところに開けてない箱ないですか？ なかったら在庫切れかも

同僚

ないんだよ。ほかにありそうな場所って？

（そろそろ迷惑ってわかれ～！）

私はA３使わないのでわからないです。月曜に総務に聞いてください

上司

あのさ、さっきの○社だけどA関係の資料も添付できる？

⇒ **Check！ 上司としては、あれこれ聞くことで「休日なのにバリバリ働いている俺」に少し酔っている。**

（イライラ、限界）

できますが、月曜日に相談でいいですか。電波届かないところ行くんで

上司

了解！ また連絡するかも

⇒ **Check！ せめてひと言、お礼やお詫びを添えておこうという発想は、どうやらまったくない。**

その後は未読スルーに。しかし月曜に「電波が届かないところ」ってどこだったのか説明させられるかと思うと憂鬱です……。

小さな摩擦をおそれず「休日は仕事の連絡には対応しない人」になろう

休日にどんどん連絡をしてくる側は、それがどんなに罪深く、どんなにうっとうしい行為なのかわかっていません。そういう人は、自分が休日に部下から連絡をもらったら、むしろ喜んでしまいそうです。

おとなしく対応してあげているうちは、こまった状況は変わりません。勇気をふりしぼって「申し訳ありませんが、休日はLINEの問い合わせにはご対応できません。緊急のご用件の場合は、お電話ください」と宣言しましょう。電話となると一気にハードルが上がるので、きっとマヌケな問い合わせはなくなります。

上司や同僚だって、面と向かって「それはこまる」とは言えません。大きなストレスをなくすためなら、小さな批判なんてどうってことないはずです。

地獄に落ちないための

3つの智慧

01

ケンカ腰になる必要はないが、
自分のスタンスをきっちり伝えておこう

02

「絶対に連絡してくるな」ではなく、
多少の余地を残しておくのがミソ

03

批判や反発があっても、ストレス
まみれの今の状況よりはマシなはず

COLUMN

地獄を歩くためのオトナ女子作法・LINE編
その3

乗っ取りを見かけた&遭ったときの対処法

LINEを使っている限り、常に「乗っ取り」をもくろむ悪の組織に目を付けられていると言っても過言ではありません。唐突に「今忙しいですか?」と聞いてくる従来の手口だけでなく、今度はどんな方法を考え出してくるか、どんなアプローチをしてくるかわからないのが、厄介なところでありこわいところです。

友達がどうやら乗っ取りに遭っている場合、LINE以外の連絡方法があればすぐ教えてあげましょう。その際は、けっして責めたり説教したりしないこと。友達だって被害者だし、もしかしたら明日は我が身です。謝罪の連絡があったときも、「たいへんだったね」とねぎらい、「被害はなかったから心配しないで」と安心させてあげるのがオトナのやさしさ。ついつい「何が原因だったの?」と聞きたくなりますが、本当の原因なんてわからないし、本人は「どうせセキュリティが甘かったんでしょ」と責められているように感じます。

自分が乗っ取りに遭ったときは、一刻も早く対策を講じた上で、巻き込んだ人たちに謝りましょう。「ちゃんと気をつけてたのに」と自分の落ち度のなさを主張したくなりますが、相手はそんなの知ったことではありません。「言い訳がましいめんどくさい人」という印象を与えてしまいます。

02 フェイスブック地獄

ポジティブ、知的、友だちいっぱい。さまざまな人の素敵な“上っ面”が集まるフェイスブック。でもそこにお腹の底から黒い感情がにじみ出たとき、地獄の釜のふたも開きます。実名公開SNSならではの殺傷力に、ご注意を。

HELL

NO.

25

ハッピー気分が吹き飛ぶ、めんどくさい自虐コメント地獄

異業種交流会で知り合った、メーカー営業のA男さん。Facebookによくコメントをくれるのですが、その返事を書くのがめんどくさいです。交流会では仕事の愚痴が多めで、言葉のはしばしに「○○大学出てるのに」など学歴を入れてきたり、若干のマウンティングを感じましたが、明るくていい人そうでした。でも……コメントに、闇を感じるんです。私は楽しかったことを投稿しただけなのに、A男さんはたいていネガティブ。合わせなきゃいけない気がして、ネガティブな返事をしていると暗い沼で足をひっぱられてるみたいでしんどいです。いい返事の仕方、ないでしょうか？

（仮名：さくら）

さくら

今日は銀座でランチ、からの映画！ 今日公開の「○○○」良かった！ これはいろんな人に観てほしいな〜！

いいね！　コメントする

他2件のコメントを表示

A男　いいなあ！ 今は観る時間もお金もないからまず映画館行けるのがうらやましいわ〜！！ 今日も絶賛仕事中

さくら　え、休日出勤？ (;o;) A男くん忙しそうだね……早くゆっくりできるといいねー！

A男　あ当分無理〜（笑）！ 映画に感動できるココロと財布の余裕がある、さくらちゃんうらやま！（笑笑）

⇒ Check！ うらやましがっているわけではなく、こっちのノンキさをあざ笑うことで、自分の働き者っぷりを自慢したいだけ。

さくら　いやいや、薄給だよ〜！ わたしもストレスすごくてハゲそうだし〜。昨日も残業で、今朝はヘロヘロで銀座に行ったよ。お互いがんばろ〜

いい映画を見て感動していたのに、見事に水を差されてしまいました。浮かれ気分で書き込んだ私が悪かったの……？

まさにクソコメ！落ち込んだフリをしてあわてさせてしまおう

女子のFacebookライフにおいて、もっともうっとうしくて厄介なのが、この手の「隙あらばマウンティングしてくるオヤジ」です。もちろん、迷惑な「オヤジ」に年齢は関係ありません。

A男は、こっちが女子だと思って、やさしく慰めてほしい、スゴイと言ってほしいと、身勝手な願望や妄想を抱いています。罵倒したいところですが、はた目から自分がこわい人に見えるのもこまりもの。

ここは「ごめんなさい。A男さんの気持ちも考えず、いい気になって書いちゃって……」と、謝りながら思いっきり落ち込んだフリをするのがオススメです。クソコメ野郎が「い、いや、そんなつもりじゃなくて」などとあわてる様子を見て、ほくそ笑みましょう。

地獄に落ちないための
3つの智慧

01

オヤジのクソコメは深刻に受け止めず、楽しいもてあそび方を考えよう

02

やり取りを見ている第三者にどう思われるかも気にする必要がある

03

「かまってちゃん」を遠ざけるには、自分も「めんどくさい人」になるのが有効

HELL

NO.
26

わかっている人だけが謎の隠語で盛り上がる地獄

旅行関係の仕事をしています。Facebookでは、旅好きの方と多くつながっていて、情報収集にも助かってます。そのなかの、ある料理家さんのグループ一円。国内外のお店の写真をまめにアップしてくれるのですが、肝心の「どこ」とか「何」が書いてありません。イメージ的な画像ならわかりますが、明らかに、どこなのか気にさせる書き方。コメント欄に追記があるかも、と見にいってみると、コメントも「ここ、昨年行きました」とか「ここのアレもいいね」などとすべて隠語。なぜ伏せる？ 何を守ろうと？ ちなみにいくつか特定しましたが、取材拒否でも秘密結社でもなく普通の店です。正直イラつきますが、かわいい店は知りたいです。でもずばっと切り込む勇気が出ません……。

（仮名：チーズ）

A子
わたし的神戸旅の〆はやっぱりここ。カウンターの眺めも一見の価値あり

⇒ Check ！ 素敵なお店っぽい雰囲気がプンプン。ど、どこ!? 知りたい！

いいね！　コメントする

他2件のコメントを表示

B子　あのメニュー、頼まれました？ ここといえば……ですよね

A子　あ〜、今日はストレートで頼んじゃった。あの盛りっぷりいいよね

C子　やっぱりここね！ 大好き。ちなみに私は盛らずに泡派

⇒ Check ！ ここといえば……何？ 盛りっぷりって？ 泡派って？ 好奇心を激しく刺激されながら、ますます謎は深まるばかり。

A子　泡派がここにも！ 同行のDさんも泡だった。マイナー好きとのこと〜（笑）

見えないバリアに阻まれて、とうとう「どこのお店なの？」と聞けませんでした。聞いてもよかったんでしょうか。

見て見ぬフリが安全だが
全力で持ち上げつつ
ズバッと聞くのも一興

Facebookが「公共の場所」であることを忘れているのかもしれませんが、たぶんそうじゃなくて、自分たちの事情通っぷりを自慢したいのでしょう。見て見ぬフリをしているのが、もっとも安全ではあります。

どうしても店の名前を知りたい場合は、「さすがみなさん、プロですねー！ 未熟者の私には、どこのお店かぜんぜん見当がつきません」と全力で持ち上げつつ、「よかったら教えてください」とズバッと聞いてしまいましょう。半端に対抗して「えーっと、あのお店かあの店のどちらかだと思うんですけど……」とか言い出すと、あっちも不必要に身構えてしまいます。

もともと自慢したくてしかたない人たち同士なので、聞けば得意気に教えてくれるに違いありません。

地獄に落ちないための
3つの智慧

01
自慢合戦の一種なので、
横目で見て苦笑いしておくのが安全

02
持ち上げたときにその人たちが
どう反応するかも見ものである

03
必要な情報はもらうとして、そんな人たち
と仲良く付き合うかどうかはまた別

HELL

NO.

27

誕生日コメントへの返信で本音が浮き彫りになる地獄

高校の同窓会で久々に会った元クラスメイトのA子。職場が意外と近くて共通の話題が多く、SNSで交流するように。お互い独身でもあり、正直、いいなと思い始めています。先日、彼女の誕生日で、タイムラインにたくさんコメントが寄せられていました。ぼくももちろん投稿しましたし、どんな人とやりとりしているのかちょっと気になって見てしまいました。そしたら、相手によってかなり返信に差があり……。これはお祝いの書き方次第であって、好意の差ではないですよね。アドバイスほしいです。ぼくのコメントもご確認ください。

（仮名：りょうへい）

K男 ▶ A子
お誕生日おめでとうございます。ますますステキさに磨きをかけてね

いいね！　コメントする

A子　K男さん、お忙しいところ、わざわざありがとうございます！ そう言っていただけて嬉しいです。ずっと言ってもらい続けられるようにがんばりますね♡♡

⇒ Check ！ 敬意を表しつつ、親しみも十分に示している。

E太 ▶ A子
ぎりぎりセーフ！ ちゃんA～おめでと！

いいね！　コメントする

A子　E太ありがとう～♡　間に合ったことにしとく笑♡
異動以来超忙しそうだけど、無理しすぎないでね－＞＜
また仕事と資格試験が落ちついたら、飲みに行こう～(*^_^*)

⇒ Check ！ 本当に飲みに行く気があると感じさせる書き方。

りょうへい ▶ A子
お誕生日今日だったんや～、おめでと！ 末永くよろしくな！

いいね！　コメントする

A子　ありがと～また会おうね～！

⇒ Check ！ また会おうと思っている様子は、文面からは感じられない。

「おざなり」なレスに見えるが、たまたまバタバタしていたのか、
それとも本音が反映されているのか……。

そんなつもりはなくても「露骨に冷たいレス」と思われる危険性はある

たしかに冷たい書き方ですが、Ａ子の真意はわかりません。はっきり嫌われるまでは「楽観的に解釈しておく」というのも、賢明な生き方ではあります。

ここはＡ子の立場に立って、「誤解される危険性」について考えてみましょう。Ａ子がりょうへいのことを嫌いなんだったら、この書き方で「正解」です。しかし、そんなつもりはないならちょっと不用意。「嫌われているのかな」と誤解されてもしかたありません。

誤解されたくなければ、あるいは嫌いという本音はとりあえず隠しておきたいなら、文章の長さはほかの人と同じぐらいに。話題がなくても「あのときの生春巻きはおいしかったね」とか「今日みたいな雨の日は帰りが憂鬱だね」など、適当にでっち上げましょう。

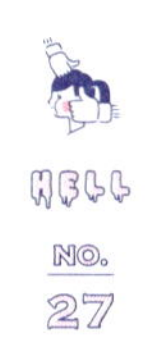

地獄に落ちないための

3つの智慧

01

SNSにおける深読みは、
すればするほど不幸を引き寄せる

02

ほかの人へのレスと明らかな
「格差」があると、ほぼ確実に誤解を招く

03

とりあえず文章の長さが同じぐらいなら、
無意味な内容でかまわない

HELL NO. 28

何気ない投稿のコメント欄で熱くて不毛なバトル勃発地獄

先日たまたま遭遇した出来事を、Facebookに投稿しました。すると、予想外にいろんな人から意見・感想のコメントが来ました。それ自体はとくに気にならなかったのですが、それについてA田さんから寄せられたコメントに、B子さんから異議を唱えるコメントが投稿され、放っておいたら二人がネット上で口論を始めてしまいました。私は平和主義で意見を述べるつもりもないのですが、自分のコメント欄なので通知はバンバンくるし、雰囲気は悪くなるし、投稿主の私がまとめるべきかな、と。でも、どう仲裁したらいいのでしょうか？

（仮名：あちゃー）

あちゃー
今日、電車でびっくり。小学校低学年かな、男の子が大泣き。「どうしたの」と聞いてもパニック状態で、「パパ！パパ！」と嗚咽するのみ。つぎの駅で降り、駅員さんのところへ連れていきました。パパに会えたかな。

いいね！　コメントする

他８件のコメントを表示

A田　嘆かわしい。こんなことでパニックとは、今どきの子は自立心がない。最近の親は甘い躾を考え直すべき。

B子　ん一、低学年に自立心はきびしいかも

A田　僕も男子の親なんで（笑）。迷子時の行動も事前にキッチリ教えたし、パニックで泣いたりしませんでした

⇒ Check ！ ま、結局この人は、これを自慢したいだけ。

B子　ただ、成長のペースは個々でちがいます。「できない」＝「親の甘さ」というご意見は？？です

A田　まさにそれが言い訳だと思ってます。「仕方ない」と甘やかされた子どもがいかに多く、社会を困らせているか

B子　ご一緒に育児されてる奥さまも同意見ですかねえ

A田　いやいや（笑）僕は感想を述べたまでで、なぜ妻の意見が必要なのか（笑）

⇒ Check ！ 怒っているときほど（笑）を付ける人は多い。

B子　感想なら、「今どきの子」「最近多い」など、決めつけた書き方は行き過ぎでは。子育ての現場の専門家なら分かりますが……

お互い、かなりヒートアップしています。放っておくのも無責任な感じだし、口出しして巻き込まれたら最悪だし……。

HELL NO. 28

勝手にやってくれていてもいいけど、せっかくだから自分の株を上げてしまおう

今日もSNS上では、このA田みたいなオヤジが、あちこちでトホホなコメントをしています。突っかかりたくなるB子の気持ちもわかりますが、何を言われてもA田は考えをあらためたりはしません。

勝手にやってくれていても、こっちにはとくにマイナスはありませんが、せっかくだから絶妙な感じで仲裁に入って、自分の株を上げてしまいましょう。

たとえば、かき氷の画像を貼って「熱い感じになってますけど、これでもどうぞ」と書いたり、ネコのほのぼの動画を貼って「話は変わりますけど、こんなの見つけました」と書いたり。頭を冷やして、どちらか（たぶんB子）が「コメント欄を荒らしてすいません」と謝ってくれたら、めでたしめでたしです。

地獄に落ちないための
3つの智慧

01

どちらかに肩入れするのは絶対に禁物。ますます話がややこしくなる

02

巧みな仲裁で、見守っている傍観者に「さすが！」と思ってもらおう

03

それでもバトルをやめなかったら、もうこっちの知ったことではない

HELL

NO.
29

旧友がコメントで黒歴史をさらしてくる公開処刑地獄

中学生のころ某バンドオタクでした。カバンの裏にポエムを刻んだり、メンバーを主役にした4コマをクラス中に回覧したり、雑誌の切り抜きに便せんで薔薇のような縁をつける技術を開発し、他クラスからも受注するなど、独自の活動を行っていました。しかし進学と同時に、オタ活はすべて封印。あれから20年余り、今はセレクトショップ店員をしています。先日、当時の同級生A子と偶然Facebookでつながりました。投稿するといつも反応してくれるんですが、ちょいちょい、中学時代のネタを入れてくるんです!! Facebookは仕事関連の人が多く、震えるほど知られたくないです。彼女を黙らせる方法はありますか?

(仮名:おもち)

おもち

「メゾン・ド・〇〇〇」プレスのりりちゃんとジャズクラブへ。旋律の艶がすばらしかった。あたらしい商品のイメージがわあっと湧いて、コースターに必死で書きとめました。

いいね！　コメントする

他１件のコメントを表示

A子　イメージ、気になる！ おもちちゃんの創造力はすごいねえ。そういえば、「あかんで！バクチク学園」はけっきょく完結したっけ？ あれも気になってる笑

⇒ Check ！ 記憶力のよさに感心しつつ、今の自分のイメージを崩される恐怖で震えが止まらない。

こっちの立場も少しは考えてほしいけど、言わないでと頼むのも偉そうな気がして、なんだか躊躇してしまいます。

言わずに悩み続けるより、ちゃんと事情を伝えてムッとされたほうがマシ

A子が昔の話をチラチラ出してくるのは、きっとこっちも喜ぶだろうと思ってのこと。「うわー、やめてー!」と震えてしまうのは、なんだか自分が冷たい人間になったみたいで、とても気が引けます。

しかし、昔は昔、今は今。どっちがいいとか悪いとかではなく、二人はすでに別の世界に住んでいます。メッセージなどで「あのころの話、懐かしいよね。今度たっぷり話したいな。ただ、自分でも笑っちゃうんだけど、Facebookではぜんぜん違うキャラになってるから、悪いけど内緒にしておいてくれるとありがたいかな」と事情や気持ちを伝えましょう。

ムッとされるかもしれませんが、ちゃんとわかってくれて付き合いが続く可能性も、まあまあありますす。

地獄に落ちないための
3つの智慧

01

相手に悪気はなくても、迷惑なことは迷惑だと伝えたほうが気が楽

02

二人でたっぷり話したいと伝えて、過去を捨てたわけではないことを示す

03

こう言って縁が切れてしまったら、そこまでの関係だったということ

HELL

NO.
30

「友達リクエスト」用のメッセージに激しく逡巡地獄

こんにちは。以前ある人が、Facebookで「メッセージをつけない無言のお友だち申請は、お断りします」と投稿していました。彼の投稿に「わかります」「無言申請は失礼」等の声が相次いでいて、「そういうものか」と今まで無言申請だった我が身を反省しました。で、申請したい人にメッセージを送ろうとしたのですが、何を書けばいいのか。面識あるなし問わず、文面を模索してしまい、この1年、誰にも申請できずじまい。メッセージって当人同士しか見られないし、他の人を参考にもできないし、私のメッセージ案で問題ないかどうか、ご相談したいです。

（仮名：コロンブス）

その１　面識がない人への申請

（憧れの作家に。これ以外に書くことがないが、
突然「お友だちになれ」は怖いかも……と逡巡）

初めまして、コロンブスといいます。いつもご著書拝見してます。もしよかったら、お友だちになっていただけないでしょうか。

⇒ Check ！ とくに問題ない。Facebook の表記に合わせて「友達」とする選択肢もあるが、それはそれでヘン。

その２　昔ちょっと交流があった人への申請

（いちおう様子をうかがいたいが、卑屈すぎるかも……と逡巡）

こんにちは、覚えてらっしゃるかわかりませんが、以前○○社でお世話になったコロンブスです！ 偶然、Facebook されているの見つけて、うれしくなり申請させていただきました。覚えてらっしゃらなかったり、ご迷惑でしたらスルーしてください。

⇒ Check ！ 礼儀正しい見事なメッセージである。謙虚ではあるが、けっして卑屈ではない。

その３　最近知り合った人への申請

（承認してくれることを前提に書きすぎ？……と逡巡）

こんにちは、Facebook されていたんですね、こちらでもよろしくお願いいたします。Facebook はたいしたこと書いてなくて恐縮ですが、情報交換しましょう！

⇒ Check ！ これも何の問題もない。ここで「もしよかったら」や「ご迷惑かもしれませんが」と書いたら、よそよそしさを感じさせてしまう。

「正解」がわからず逡巡しているうちに、申請のタイミングを逃したり、Facebook が楽しくなくなってきたり……。

とりあえずメッセージを出すことが大事で、内容を練る必要はない

その誠実なお人柄は素敵だと思いますが、悩みすぎです。相手別の３つの文面は、どれも何の問題もありません。まだ「友達」ではないわけですから、相手だって凝りすぎたメッセージを送られてもこまります。申請の段階では、とくに心に引っかからない定型の文面を送るのが、むしろマナーと言えるでしょう。

「無言の友達リクエスト問題」は、常に論議を呼んでいます。会ったばかりで、相手も確実にこっちの名前を覚えていそうなら、まあ無言でも大丈夫でしょう。

ただ、有名人など知らない相手や友達の友達の場合、無言でリクエストを送るのは無作法だし、相手にとっては不気味。Facebookにせよ何にせよ、「ひと手間」をかけたほうが、より楽しく活用できます。

地獄に落ちないための
3つの智慧

01

Twitterのフォローと、Facebookの
友達リクエストは別ものと心得よう

02

最初の挨拶は定型文の使い回しで十分。
相手は文面なんて気にしていない

03

凝ったメッセージを送って承認され
なかったら、ショックが無駄に大きくなる

COLUMN

地獄を歩くためのオトナ女子作法・Facebook編

「アイタタ……(/ω＼)」と思われないために

Facebookは、スキあらばあなたを「痛い女子」にしようとしていると言っても過言ではありません。無責任な「いいね!」や上っ面な称賛コメントに惑わされて、自覚がないまま恥ずかしい書き込みをし続けているケースはよくあります。画面の向こうの「友達」に「アイタタ……(/ω＼)」と思われがちな、3パターンの書き込みをご紹介しましょう。

その1「自分はスゴイ！　自分はステキ！　と言い続けている」

自分自身や家族や素適な仲間をホメ称え、自分に起きたことを全力で前向きにとらえるのが特徴。その強引な全肯定っぷりに、根深い自信のなさや内面の危なっかしさを感じずにはいられません。本人は自信満々ですけど。

その2「自分はダメだ……人生は苦行だ……と言い続けている」

自分の「傷つきやすさ」をアピールして突っ込みや反論を遮断しつつ、仕事や環境に対する愚痴や周囲の人たちの悪口をせっせと書き込みます。かまってほしいという本音もダダ漏れになっていますが、ヘタにかまわないようにしましょう。

その3「リア充アピールはまだいいとして、いちいちポエミー」

自分に酔うのは、さぞ気持ちいいでしょうね。まあ、いいんですけど、そういうことはインスタでやってほしいもの。無視ばっかりも悪いと思ってしかたなく押した「いいね!」に、本人が過剰な意味を読み取らないことを祈るのみです。

03

ツイッター地獄

愛も虚構も猛毒も一堂に会す、おそろしくも楽しいツイッター。存在そのものが地獄ともいえるこのSNSは、慣れるまでが少し大変。日々生まれいづる多様な悪鬼たちと、上手にたわむれる方法を身につけるのがコツです。

HELL

NO.
31

「ゆる募」に返事したら上からダメ出し連発地獄

独身＆海外ドラマ好きのフォロワーさんたちとつながっているTwitter。恋愛や買い物の傾向も似ているため、情報交換もよくするし、楽しいのですが……。フォロワーのひとりのA子さんは、情報がほしいときはすぐタイムライン上に投げてきます。で、自分で振っておいて、いざ答えるとだいたいNGなんです。いくつか代案を出してあげるのですが、疲れます。クライアントにプレゼンしている気分です。でもスルーは気まずいし、私も知ってることだとついリプしてしまいます。A子さんは大好きなので、うまくやりたい。どうしたらいいですか？

（仮名：フッチー）

タイムライン

A子
いい革使ってて、長く使えるハイブランドの財布ないですか。今まではヴィトンでした

⇒ Check ！ 大きさも好みも予算もわからないので、じつは答えようがない。

フッチー
@A子　エルメスは確実では？ A子さんなら買えそう

A子
@フッチー　さすがに高すぎ

フッチー
@A子　Felisiは？ いい革使ってるし、人とかぶりにくいです

A子
@フッチー　調べてみたけどデザインが好みじゃないです

⇒ Check ！ だんだん、こっちの趣味や人間性にまでダメ出しされている気分になってくる。

フッチー
@A子　あ、ロエベなら！ 女子っぽいのからシンプルまで選べます！

A子
@フッチー　革が柔らかいから耐久性不安。やっぱヴィトンかな

⇒ Check ！「じゃあ、最初からヴィトンにしろ！」と毒づかずにはいられない。

いつもこの調子で、人にものを尋ねてはダメ出しの繰り返し。
つい答えてしまう自分がいけないんでしょうか。

相手は具体的な情報が欲しいわけではなくかまってほしいだけ

SNSが広まったことで、世の中にはいかに「かまってちゃん」が多いかが浮き彫りになりました。自分の中の「かまってちゃん要素」にも気づかされます。

Twitter上のゆるい呼びかけ（いわゆる「ゆる募」）に対して、真面目にアドバイスを返すのは危険。相手はゆるいやりとりがしたいだけなので、何を言ってものらりくらりとかわされて、激しく腹が立ちます。

「どういう財布がいいの？」「いくらぐらいで？」とニーズを探ろうとしても、きっとたいした答えは返ってきません。アドバイス欲を封印して、こっちも「財布選びって難しいよねー」「あー、私も探してるー」と、のらりくらりと適当に話を転がしておくのがオススメ。そもそも、めんどくさかったらスルーでかまいません。

地獄に落ちないための
3つの智慧

01

相手が望まないリアクションを
したところで、かみ合わないのは当然

02

のらりくらりと結論の出ない話を
転がしておく分には腹を立てずにすむ

03

「かまってほしい欲」と同時に
「かまってあげたい欲」にも注意したい

HELL

NO.
32

あの快感が忘れられなくて バズりたい欲肥大地獄

一度ふとした投稿でバズったのをきっかけに、「いいね」の数欲しさに文章を練るクセがついてしまい、悩んでます。人気アカウントの文体を真似たり、時事ネタを入れたり、シュールにしたり。しかし、毎度バズるわけもなく、次第に精神が不安定になるようになりました。とうとう先日ねつ造ネタを投稿しそうになり、あやうく削除しました。私、何してるんだろう。昔の自分に戻りたい。アルコール依存ならぬ、「いいね依存症」です。美しい日本語へと脱したいのですが、もはや自分ではやめられません。つい、バズり狙いむき出しの文章になります。矯正していただけたら幸いです。

（仮名：無我ちゃん）

タイムライン

無我ちゃん

結婚したいって話したら、「まず、彼氏つくればいいじゃん」って既婚友人に軽く笑われたんだけど、「だったらオメーは貯金ないなら金つくればいいじゃねーか！ 錬金術を実現させて、無から自力で金を生成しろよ。それで日本を少子化からも不景気からも救えよ！」以外の感情を失った

⇒ Check ！ 普通の日本語に翻訳「結婚したいと既婚者の友人に話したら、『まず、彼氏つくれば』とアドバイスされました。はい、わかってます。でも、貯金がないならお金を作ればって言われているみたいで、少しモヤモヤします」

無我ちゃん

アイドル沼に沈没前「はあ？ あんな偽物の笑顔がカワイイとかwwww アイドルオタ、リアル社会に癒やし少なすぎるやろwwww」

↓

アイドル沼沈没後「ゆいちゃんかんわいいいいいいいいい！ どんなにつらくても笑顔を見せるプロ根性、そこにシビれる！憧れるゥ！今日もらったハッピーで、少なくとも来年度までがんばれるうううううう！！！」

⇒ Check ！ 普通の日本語に翻訳「自分がアイドルにはまる前は、そのよさがわかりませんでした。アイドルファンを少しバカにしていた節もあります。しかし、応援する対象ができた今は、アイドルが見せてくれる笑顔の価値に気づくことができました」

無我ちゃん

弊社もとうとう働き方改革に乗り出すらしく、人事部総出で意見交換なう。「長時間労働を避けるには」「やはり上から変わらないと」など活発に意見が出る。それでは聞いてください。「この会議で残業中」

⇒ Check ！ 普通の日本語に翻訳「弊社もとうとう働き方改革に乗り出しました。ところが、人事部総出で長時間労働をどうすれば避けられるかという会議のために、みんなで残業しています。なんだか矛盾してますよね」

   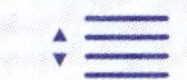 

Twitterに書き込むときだけでなく、1日じゅう常に「バズりそうなネタ」を探したり練ったりしていて、激しく疲弊しています。

HELL NO. 32

「いいね」や「RT」の数を気にしすぎるとどんどん苦しくなる

自分の投稿に大量の「いいね」が付いたり、たくさんの人に「RT（リツイート）」されたりする。いわゆる「バズる」と呼ばれる状態です。「ああ、あの快感をまた味わいたい」と思っても、狙ったところでバズれるものではなく、欲求不満がたまるばかり……。

そのうち疲れて飽きればいいんですけど、何かの拍子にまたバズったら、ますます泥沼にはまってしまいます。しかも、Twitter文体が身体に沁みついて、普通の日本語の書き方を忘れてしまいかねません。

依存症を自覚できたのは幸いです。「1日Twitterを見ないで我慢できたら、帰りにケーキを食べる」「3日我慢できたら靴を買う」といった自分へのご褒美を設定して、欲望と戦いましょう。健闘をお祈りします。

地獄に落ちないための
3つの智慧

01

「バズり狙いの文体」を上手に書けても、
けっして尊敬はされない

02

朝から晩までTwitterに振り回される
日々を過ごす愚かさを自覚すべし

03

自分へのご褒美を設定して欲望と戦い、
早めの社会復帰をめざそう

HELL

NO. 33

正論+「自戒を込めて」を連発する彼にイライラ地獄

私は長女で、安全圏から文句言う人が大嫌いです。今年彼氏ができ、Twitterをお互いにフォローし合いました。その彼のツイートが、社会批判や上から目線の意見ばかりなんです。本人はルーズなので「おまえが言うな」と思うし、そう言われないためか「自戒を込めて」って書いてる半端ぶりにもイラッ。最近、会っているときにも「これTwitterにも書いたんだけどさ〜」と反応を求めてくるようになり、私の性格的に、直接話したら言い負かしてしまいそうで。そうなったら最後です。なのでTwitter上のゆるいリプでお茶をにごしてるんですが、よけい調子づかせてるような……。別れたくなってきました。

（仮名：ななお）

その1 「感動をありがとう」問題

タイムライン

（何の前触れもなく、いきなりのtweet）

A太
「感動をありがとう」という言葉はいかがなものか。選手たちは別に国民に感動を与えるために生きているのではない。もっと選手本位の応援をすべきだし、彼らに、自分の夢を勝手に投影して満足するひまがあるなら、自分の人生で勝負するべき。自戒を込めて

（見方が狭すぎ！ 現実はもっと多角的……って言いたいけど）

ななお
@A太　感動すると自然に「ありがとう」って出てきちゃうけどね(;^^)　でも自分の人生もがんばってるよ (^3^)/

（よけいに説教モードに）

A太
@ななお　まあ、当たり前だと流してた状況にちょっと疑問を持ってみる、ってところから始まればいいんだと思うよ。何事もね

⇒ Check ！ やかましいわ！

その2 「情報リテラシー」問題

（例によって唐突にtweet）

A太
マスメディアの偏向報道には呆れ返るが、よりこわいのはそれをハナから信じてる人たち。SNSのパクリやデマを拡散しちゃう層とおそらく同一で、SNS歴の浅さとも比例。古参のネット民からすると、彼らの無防備さは脅威のレベル。自分の知らない世界への畏敬と勉強は重要と、自戒を込めて。

（大げさにへりくだっとこう。皮肉に気づけ！）

ななお
@A太　ごめん、私もSNS初心者です。畏敬と勉強……しなきゃなのね−！φ(..)

（よけいに上から目線に）

A太
まあ、ネットみんなが思うより深いんでw マイペースでいいよ。

⇒ Check ！ はいはい、わかったわかった。

どんな皮肉もさりげない忠告も、一度も通じたことはありません。
そして今日も、彼のtweetを見ては絶望を感じています。

「自戒を込めて」に込められた底知れない傲慢さと姑息さと愚かさ

別れを検討したほうがいいでしょう。正論を堂々と書くだけでも恥ずかしいのに、さらに「自戒を込めて」の連発。そもそも「自戒を込めて」には、俺っていいこと言うなあと勝手にドヤ顔している傲慢さと、ちゃんと我が身も振り返っているので突っ込まないでと予防線を張っている姑息さと、そういう印象を与えることに気づかない愚かさが込められています。

ただ、更生の可能性がないわけでもありません。別れてもいいと腹をくくった上で、「Twitterで言っていることとリアルのA太には、ずいぶんギャップがあるよね」と指摘し、思いっきり言い負かしてみましょう。変わってくれたら、それでよし。少なくともイライラは解消されます。ま、変わらないでしょうけど。

地獄に落ちないための
3つの智慧

01

Twitterとリアルでギャップがあり過ぎるタイプはロクなヤツではない

02

「自戒を込めて」を見たら、自分ではけっして使うまいと自戒しよう

03

「いつ別れてもいい」と腹をくくれば、無駄なイライラからは解放される

HELL

NO.
34

独り言なのにエアリプを疑われる自意識攻撃地獄

今、主人は忙しいし、義父母と仲悪いし、自分の仕事もハードだしで、言いたいことはたくさんあるのに、言える相手がいない生活です。Twitterは、匿名で個性的な人たちとつながれて楽しく、みんな連投タイプなので、その流れにまぎれ、何でも言える自由な場所になっています。しかし近ごろ、つぶやくと、フォロワーさんから「ごめんなさい！ 私ですよね」とか「不快な思いをさせてたかも」とリプライされます。いわゆる「エアリプ」と思わせてしまっているようなのです。もちろん特定のフォロワーさんのことではないです。私の書き方のせいなのかな。自覚はないのですが、どうでしょうか？

（仮名：トッキー）

その１　ゆるふわ女子批判？

タイムライン

トッキー
ふだん定時で帰れるゆるふわ仕事の女子が、「今日は残業、最低〜！ブラック(>o<)」とか軽々しくごねてるのを見ると、はあ？って殴りたくなるよね

トッキー
「ブラック」の意味、わかってんのかな？ あと、すぐ「プチ鬱」っていう言葉使うのも、やめてほしい

A子
@トッキー　ごめん、私かも (;o;) トッキーさんみたいにハードな仕事してる人もいるのに無神経でした (;o;)

トッキー
@A子　違います違いますー！ ヒマな別部署の女の子見ててつい毒吐いちゃって。こちらこそごめんなさい (;o;) ハードな仕事の人を気づかうべきとか、そういうことでもないですし！ なんか、すみません……

⇒ Check！ ちょっとしたガス抜きのつもりが、平身低頭で謝る羽目に。

その２　「嫌い」宣言批判？

タイムライン

トッキー
自分が嫌いなものを公然と「嫌い」ってただ宣言する意味ってなんだろう。それが好きな人からしたら、悲しい以外の何物でもない。誰もしあわせにならない

B子
@トッキー　ごめんなさい、もしかしてトッキーさん、パクチー好きだったですか……。「亀虫味」とかツイートしちゃったけど、本当におっしゃるとおりだなって

トッキー
@A子　や、そうだったんですか！？ 見てなかったです！ 今テレビ見てて思っただけなんです。というか私も今のツイート申し訳ありません……。

トッキー
さっきのつぶやきは、フォロワーさんに向けたものではないです！ ここでは思いつくまま吐き出しているので、いやな思いさせてしまってたらごめんなさい

⇒ Check ！ 何気なく呟いたつもりが、またまた謝る羽目に。

事情を説明しても、相手が抱いた「じつは自分に言ったのでは？」という疑いは、たぶん消えていないと思います。

エアリプを疑われたり 疑ったりするのは Twitterの悲しき宿命

「エアリプ」とは、誰に向けて書いているのか曖昧にしつつ、もちろん「@」もつけてはいないけれど、明らかに誰かのtweetを意識して書かれたリプライ（返信）のこと。Tweetだけでなく、リアルの言動に対する反応であることも少なくありません。いずれにせよ、エアリプでtweetされるのは、反論や文句や愚痴や悪口といったネガティブな内容ばかりです。

人間は疑り深くて自意識過剰な生き物なので、たとえば誰かひとりの顔を思い浮かべて書き込んだエアリプに対して、少なくとも数人、もしかしたら何十人かが「あれ、自分のことかな？」という疑いの気持ちを抱きます。エアリプのつもりじゃなくて、単なる独り言に対しても、「自分のこと?」と思う人が現われがち。それはTwitterの宿命と言っていいでしょう。

めんどうな話ですが、どんなノンキなtweetでも疑われる可能性はゼロではないし、140字の中で細かく具体的に書くのはそもそも無理な話です。残念ながら、「何も書かない」以外の対策はありません。

この手の誤解に耐えられない人は、Twitterには向いていないと言えるでしょう。エアリプを疑われたときは、心の中で「この自意識過剰野郎が!」と毒づいて、適当に謝ったあとは忘れるのがいちばんです。

気をつけたいのが、自分が誰かのtweetにギクッとして、「それ、私のことですか?」と聞いたり思ったりすること。勘違いだったとしても実際に自分のことだったとしても、聞いた途端に「すごくめんどくさい人」になってしまいます。たとえ自分のことでも、エアリプで皮肉をかましてくるようなヤツの言うことなんて、気にする必要はまったくありません。心の中で「この卑怯者が!」と毒づいて、さっさと忘れましょう。

HELL NO. 34

地獄に落ちないための 3つの智慧

01

Twitterはエアリプを疑われるのが宿命。覚悟を決めてから書くべし

02

誤解されたら「えっ、あ、そっか」などと、心外っぷりを強調して謝る

03

「たしかにそうかも」と納得させられたら、こっそり反省しておこう

HELL

NO.

35

幸せな空間だったのに いきなりクソリプ針山地獄

某音楽グループのファンです。Twitterはファン同士の交流用。グループは10代のファン層も厚く、フォロワーさんも若い子が多めです。私は独身OLで、ライブはほぼ全通。アルバムやBlu-rayも、限定版豪華仕様を必ず買って、Twitterでレポするのが恒例でした。みんなの代わりに見てくるね！って義務感もありました。しかし、超激戦イベントでたまたま当選し、うれしくて、ついTwitterで吠えたところ、タイムラインが一変。「行けない人の気持ちも考えてください」とのリプライがつぎつぎ届き、返事をしたらよけいに炎上。結局、アカウントを閉じました。悪いことはしていないのに、どうすれば、よかったのでしょう？

（仮名：殿下）

タイムライン

殿下
うわあああああああああ！ 当選したあああああああああああ！！！！！！
うれしいいいい！！！ 日ごろ仕事頑張ってて良かった！ 神様、ごほうびありがとうううううう！ 泣いてる

ファンA
@殿下　あの、、すごく嬉しいと思うんですが、落選した人もいるので、、、

ファンB
@フッチー @ファンA　横から失礼します。殿下さんはいつも行ってるのに、神様のごほうびとかはちょっと悲しくなりました。落選組が頑張ってないわけじゃない

ファンC
@殿下　行きたくても、地方だしお金もなくてうちらは申し込みすらできないんだよ (>o<) ！！！ そうゆう人の気持ちも考えてください！！！

ファンD
@殿下　タイムラインがこれだけ「落選」で埋まってるなか、ちょっと、無神経かも……です

殿下
さっきの当選ツイートで不快な思いをした方がいるようです。でも好きな気持ちは一緒ですし、これは抽選です。狡いことはしていません。Twitter は好きなことをつぶやける場。これからも愛は叫びたいです。それが難しいとなるとライブレポも辞めざるを得ませんし

⇒ Check ！ 素直な心情ではあるが、まさに火に油。とにかく文句をつけたい人に、さらに文句をつける口実を与えてしまった。

ファンD
@殿下　レポやめるとか大人げないです

殿下
@ファンD　え、当選がダメなら、ライブ行ったと書くのも不快かと普通に思っただけです。当選は狡いけどレポは見せろ、ですか？

⇒ Check ！ この段階になると、自分も冷静さを完全に失っている。

ファン D
@殿下　言い方とタイミングですよ

殿下
@ファン D　それ考え始めたら何も言えないですよ。フォロワー300人分考えろと？ そこまで気を遣ってするものですか、Twitterって。そもそも、私は当選を喜んだだけで、誰のこともバカにしたり軽んじたりしていません

（エアリプ）

ファン A
ちょっと注意されたら逆ギレ。そもそも無神経なtweetした自分が悪いのに……

ファン D
@ファン A　あの方のレポ好きだっただけに、ああいう一面が見えるのは残念な思いがしますね。そういう人じゃないと思ってたんだけどなあ……

殿下
いろいろなご意見いただいておりますが、ちょっと頭を冷やしてきます。しばらくツイートお休みしますね。

また何を言われるかと思うとあらためて書き込む気になれず、愛着のあるアカウントでしたが削除してしまいました。

クソリプはその名のとおり つつけばつつくほど 厄介な状態に変容していく

クソリプの生産者は、年代や性別を問いません。ひとつのクソリプが生まれると、それに続いて10のクソリプが沸き出し、背後には100のクソリプ予備軍が待ちかまえていると思ったほうがいいでしょう。

予想外のクソリプ攻撃を受けると、「自分の書き方が悪かったのかな……」などと反省したくなります。あえて煽ろうとしたならともかく、反省する必要はまったくありません。何を書こうが、どういう書き方をしようが、クソリプは湧くときは湧きます。

尾籠な話で恐縮ですが、名は体を表わすというか何というか、つつけばつつくくほどどんどんタチが悪くなるのが、クソリプの特徴。意図を説明しようとしたり、言っていることの矛盾を突いたり、自分の正当性を主張したりしても、相手は聞く耳（読む目？）は持っていないし、なおさら張りきるだけです。

どうでもいいイチャモンやピントがずれた揚げ足取りが飛んできたら、「バカじゃないの」と心の中で罵倒しつつ、「ご指摘ありがとうございます」「貴重なご意見ありがとうございます」「なるほど、勉強になりました」といったシンプルな反応であしらって、相手に肩透かしを食らわせましょう。スルーでもぜんぜんかまいません。カチンと来る事態が起きたときに、いちいち気にせずスルーする勇気を持つことは、Twitter に振り回されないための必須条件です。

いっぽうで、心がささくれだっているときや疲れているときは、何でもかんでもクソリプに見えがち。クソリプ風味の tweet に抱く感情は、ある種のリトマス試験紙です。「あなたがクソリプに舌打ちするとき、クソリプもまたあなたをせせら笑っている」という一面があることも、頭の片隅に置いておきましょう。

地獄に落ちないための
3つの智慧

01

クソリプに理由なし。自分に落ち度があったのかと反省する必要はない

02

心の中で罵倒しつつスルーするか、露骨におざなりな対応をするのが吉

03

クソリプのふり見て、無意識のクソリプをしないように自分を戒めよう

COLUMN

地獄を歩くためのオトナ女子作法・Twitter編

「クソリプオヤジ」の被害を最小限に止める

Twitterをやっている女子は、誰もがクソリプオヤジのターゲットだと言っても過言ではありません。愛想を振りまいた覚えはなくても、とくにヘンなことは書いていなくても、Twitterにいるオヤジたちは針の穴を通すコントロールでクソリプを投げつけてきます。いきなりの説教、百も承知の正論、微妙なセクハラ、聞いてもいない自分語り……。本人は「気が利いたことを書いている」ぐらいにしか思っていないところが、またタチが悪いと言えるでしょう。

知らない相手はもちろん、たとえ知っている相手でも、上司や先輩でも、やさしく返事してあげる必要はありません。あなたの心にもないやさしさは、勘違いオヤジを増長させ、また新たなクソリプ被害者を生み出します。徹底的にスルーするか、それはさすがに気が引ける場合は「ありがとうございます」とだけ返すという露骨に突き放した態度を取りましょう。皮肉は通じないし、正面から反論しても余計に張り切らせたり逆恨みされたりするだけです。

あるいは、スマホやパソコンの中に「クソリプコレクション」のファイルを作ってみるのはどうでしょう。自分を通り過ぎていったいろんなクソリプをためておいて、つらいことがあった日にそっとのぞけば、ああ、この人たちに比べれば自分はまだマシだと励まされる……かも。

おわりに

みなさま、もう大丈夫です。
この本を読み終えた今、あなたは「SNS地獄、恐るるに足らず」という気持ちになっているはず。むしろ地獄っぽい刺激を楽しめる心とからだになっていることでしょう。
LINE、Facebook、Twitterだけでなく、大人気のInstagramにだって地獄はいっぱい。日々「インスタ映え地獄」に振り回されている人も少なくないはず。でも、ご安心ください。本書で身に着けたノウハウや智慧で、そのへんもだいたい何とかなります。
この本が役に立った、面白かったと思ってくださった方は、もしよかったら、SNSに「#オトナ女子の文章作法」や「#SNS地獄」のハッシュタグを付けて投稿してください。ちなみに、地獄の名前や「3つの智慧」あたりが投稿しやすいかと存じます。スタッフ一同でせっせと探して、見つけたら全力で感謝の言葉を述べさせていただきます。

本書は、世の中に渦巻いているオトナ女子たちの悲痛な叫びに後押しされつつ、たくさんの方々のご協力をいただいて完成しました。
綿密なリサーチを元に、胸痛む素敵な地獄を設定し、リアルな例文を書いてくださったのは、フリーライターの梶谷牧子さんです。SNS地獄に対する彼女の熱い情熱と深い見識が、この本に躍動感と実用性を吹き込んでくれました。本当にありがとうございます。
本を企画し、時にエネルギッシュに時に根気よく励ましてくれた担当編集者の小村琢磨さんにも、深く感謝いたします。また一緒に本を作れて感無量です。

この本を読んでくださったオトナ女子のみなさんはもちろん、すべてのオトナ女子のみなさんに、たくさんのいいことがあることを心よりお祈り申し上げます。
漠然とした言い方で恐縮ですが、それぞれ個別にお好きな「いいこと」をイメージしてください。

石原壮一郎

（いしはら・そういちろう）

コラムニスト。1963年三重県松阪市生まれ。月刊誌の編集者を経て、1993年に『大人養成講座』でデビュー。大人の素晴らしさと奥深さを世に知らしめた。以来『大人の女養成講座』『大人力検定』『大人の言葉の選び方』などなど、大人をテーマにした著書を次々と念入りに発表。新聞、雑誌、テレビ、ラジオ、ウェブ、ゲームなどあらゆる媒体で活躍し、日本の大人シーンを牽引している。メールやSNSを大人としてどう活用するかについても、長年研究や考察や提言を重ねてきた。郷土の名物を応援する「伊勢うどん大使」「松阪市ブランド大使」も務めている。

SNS地獄を生き抜く
オトナ女子の文章作法

2017年10月3日　第1刷第1版発行

著　者　石原壮一郎
発行人　宮下研一
発行所　株式会社方丈社
〒101-0051
東京都千代田区神田神保町1-32 星野ビル2階
tel.03-3518-2272 ／ fax.03-3518-2273
ホームページ http://hojosha.co.jp

印刷所　中央精版印刷株式会社

ISBN978-4-908925-18-4

あなたの感じていることは大切にしていいんです
マインドフルネス・レッスン

伊藤　守・著
フジモトマサル・絵

考えすぎて、いませんか？
そんなときにはこの一冊を。

不安なとき、先が見えないとき、私たちは、今ある自分に目を向ける余裕を失ってしまいます。そんなときは、深呼吸して「今、ここ」にいる自分を味わう。読むだけで気持ちがラクになる、マインドフルネスへの誘い。「何もしないでいるということの大切さ」、「どうせ私なんてと言ってしまう前に」、「失敗や間違いが自分を知るきっかけになる」など、ホッとするメッセージがいっぱい！

四六判　136頁　定価：1,300円＋税　ISBN：978-4-908925-11-5